FSC
www.fsc.org
MIXTE
Papier issu
de sources
responsables
Paper from
responsible sources
FSC® C105338

AF302112

Les codes

© 2020, Malgrat, Philippe
Edition : Books on Demand,
12/14 rond-Point des Champs-Elysées, 75008 Paris
Impression : BoD - Books on Demand, Norderstedt, Allemagne
ISBN : 9782322206322
Dépôt légal : février 2020

Les codes

Préambule

À l'issue d'une carrière effectuée dans une grande entreprise industrielle, que reste-il dans ma mémoire ? Ce que j'ai fait bien sûr. Mais là n'est pas l'essentiel, sauf s'il restait en mon for intérieur la frustration de ne pas avoir réalisé tout ce que j'aurais voulu. Ce n'est pas mon cas, à quelques exceptions près. Avec le temps, seules les confrontations humaines dans lesquelles on a été acteur demeurent. C'est à mon avis la trace la plus riche qui mérite d'être racontée. Je ne juge pas les gens, là n'est pas mon propos, mais plutôt les pratiques et les usages « maison », qui constituent la trame des rapports professionnels. Au fil de ces 36 années, l'accélération des mutations dans le management d'équipe et la conduite de projet m'a semblé beaucoup plus significative que l'évolution de la technique. Chaque époque a son intérêt. Je me suis frotté récemment au monde de « station F ». J'ai échangé à cette occasion avec un des cofondateurs d'une start-up. Une personnalité très brillante mais incapable de regarder dans les yeux son interlocuteur. Je pense qu'elle aurait fait une piètre intervention dans un amphi de nos grandes multinationales. Elle a quitté néanmoins le chemin balisé et tout tracé des carrières de Polytechnique pour fonder son entreprise. La tendance est à l'hyper individualité dans nos rapports entre collaborateurs devenus experts métier. Ils tendent à ressembler à la coactivité entre corporations du Moyen Âge, obéissant, pour accomplir une œuvre de concert, aux règles de la Guilde, tellement strictes et encadrantes qu'elles se substituaient à un pilotage d'ensemble. J'ai écrit ce mémoire pour témoigner de cette vie professionnelle riche en expériences vécues et que j'ai voulue comme telle. Selon l'aveu d'amis proches, elle comporte beaucoup de similitudes avec des situations constatées dans d'autres grandes entreprises à la même période. Je n'ai pas cherché ici à retracer une chronologie des étapes importantes de Renault. L'association « Renault Histoire » s'en charge avec beaucoup plus d'exactitude et d'exhaustivité que j'aurais pu le faire. L'émotion est bien dans le faire, la confrontation avec le réel, les risques de toutes sortes auxquels on choisit de se mesurer et non dans des fonctions de façade. Il ne faut pas se mentir à soi-même.

Lorsque l'on a eu le privilège que sa vie professionnelle ne soit pas réduite à une nécessité matérielle, on se questionne naturellement sur son apport. Le secteur industriel qui constitue aujourd'hui moins de 10% des emplois en France est un milieu particulièrement riche en expériences humaines car il impose toujours, pour l'aboutissement des innombrables projets qu'il génère, la résolution collective de problèmes complexes avec de multiples interlocuteurs tant internes qu'externes. Le management d'équipes fait partie des incontournables pour l'aboutissement des projets.

La mondialisation, apparue dans le début des années 2000, a été un accélérateur du multiculturalisme. Les outils bureautiques et informatiques ont démultiplié les possibilités de dialogue et accéléré la vitesse des échanges. La contrepartie de ce progrès a été l'individualisation des rôles au détriment du travail d'équipe et parfois de la proximité et disponibilité du management hiérarchique. Enfin, nous sommes passés comme beaucoup d'autres, à la financiarisation de toutes les décisions par

Les codes

opposition à la pérennisation industrielle sur le long terme pratiquée par nos ex-capitaines d'industrie.

La richesse des expériences humaines qu'elles provoquent est présente à toute époque. J'espère vous les faire partager par ces récits.

Les codes

SOMMAIRE

Les codes

Les codes

« Vanité des vanités, dit l'Ecclésiaste; vanité des vanités, tout est vanité.

Puis, j'ai considéré tous les ouvrages que mes mains avaient faits, et la peine que j'avais prise à les exécuter; et voici, tout est vanité et poursuite du vent, et il n'y a aucun avantage à tirer de ce qu'on fait sous le soleil....

Car le sort des fils de l'homme et celui de la bête sont pour eux un même sort; comme meurt l'un, ainsi meurt l'autre, ils ont tous un même souffle, et la supériorité de l'homme sur la bête est nulle; car tout est vanité.

J'ai vu que tout travail et toute habileté dans le travail ne sont que jalousie de l'homme à l'égard de son prochain. C'est encore là une vanité et la poursuite du vent....

Celui qui aime l'argent n'est pas rassasié par l'argent, et celui qui aime les richesses n'en profite pas. C'est encore là une vanité.

S'il y a beaucoup de choses, il y a beaucoup de vanités. Quel avantage en revient-il à l'homme ? Si donc un homme vit beaucoup d'années, qu'il se réjouisse pendant toutes ces années, et qu'il pense aux jours de ténèbres qui seront nombreux; tout ce qui arrivera est vanité....

L'ecclésiaste

Les codes

Renault un laboratoire social (1989)

« Les dix de Renault », un slogan des années quatre-vingt qui n'a plus grand sens aujourd'hui. Il y a longtemps qu'une grève paralysant la production d'une usine n'a pas eu lieu. Elle n'émouvrait plus personne. Les rapports de force ouvriers contre patron d'usine automobile en France relèvent d'une autre époque !

Il est cependant troublant que le neveu de celui qui était en mai 68 parmi les ouvriers de Renault pour leur marquer son soutien et les encourager à manifester, devint patron de Renault 25 ans plus tard…

Le vrai laboratoire social c'est l'adaptabilité dont cette entreprise a fait preuve pour sortir du marché intérieur français, pénétrer le marché international et se transformer progressivement d'un statut d'entreprise publique, la RNUR (Régie Nationale des Usines Renault), à celui d'une multinationale privée. Aujourd'hui, elle compte parmi les trois constructeurs mondiaux avec ses partenaires et filiales.

Les alliances, qu'elles aient été un échec comme avec Volvo ou qu'elles aient abouties et soient demeurées pérennes après quinze ans comme avec Nissan, ont marqué en profondeur les rapports entre les collaborateurs de Renault.

Dans les années 80, Renault conserve, comme toute entreprise du secteur public, un fonctionnement centralisé jacobin, exercé par un noyau dur constitué par la technique à savoir les Études, les Essais et dans une moindre mesure, la Recherche. On appelait le Centre Technique de Rueil, là où était le métier noble, « la colline inspirée ». D'autres secteurs comme le Produit, le Design et le Marketing et surtout la Publicité, ont eu également leur mot à dire. Le reste comme l'intendance, devait suivre….

Aujourd'hui les débuts des conventions Renault sont toujours introduits avec des spots publicitaires issus de tous les pays. C'est un peu notre « calendrier Pirelli ».

Coté marketing, il y a eu quelques caprices et égarements comme les CLIO garçons et les CLIO filles ; une série limitée, bleue pour les garçons et rose pour les filles. Le rose tirait franchement sur le rose « barbie » et de fait, les 1 500 voitures fabriquées de cette série limitée restaient invendables. Elles ont fini comme voitures de pool des directions techniques. Je me souviens en avoir emprunté une pour me rendre en usine et la retrouver couverte de décalcomanies suggestives et perverses. À la fin plus personne ne voulait utiliser les CLIO PAMPERS !

Avant d'entrer chez Renault j'étais impliqué sur des sujets classifiés dans le secteur de l'armement. Vous signez votre habilitation qui vous engage civilement et pénalement à ne pas divulguer de secrets militaires, ni même à en parler. Dans ce milieu, la hiérarchie est très rigide et stratifiée. Le pedigree X est incontournable pour décrocher des contrats militaires avec l'État. On les faisait entrer dans la salle avec les commanditaires. L'architecte de l'affaire n'entrait même pas, sauf s'il était lui-même polytechnicien. Une heure après, l'affaire était conclue. Top là. Habitué à ce milieu où la note de service et les relations avec les hiérarchies parallèles étaient rarissimes parce qu'inutiles et

Les codes

susceptibles de nuire au secret, j'entrai chez Renault à la Direction de la Recherche.

D'emblée et très rapidement on me dit : « Va voir untel pour le consulter », seul, sans protocole. Cela m'a tout de suite frappé. J'ai rapidement diffusé des notes techniques. J'avais quasi-carte blanche pour établir tous les contacts que je voulais, pour me faire un réseau et valoriser les travaux des membres de mon équipe. Pour la rédaction et la diffusion des notes internes la règle d'usage était : l'utilisation d'une police de caractères très compacte pour que la note tienne intégralement sur un 21 x 29,7. La note était pliée en deux et agrafée, tirée en autant d'exemplaires que de destinataires dont on soulignait les noms au Stabilo. Le tout partait en courrier interne sans enveloppe.

Les réunions avec les chefs se déroulaient avec le même protocole « mobilier » du bureau en « T ». Le chef de service ou le directeur derrière son bureau qui constituait la partie la plus large et marquait ainsi son assise et son rang de chef. En position transversale et collée à son bureau, une petite table annexe était adjointe avec au maximum quatre chaises, pour pouvoir se réunir avec les adjoints. Tutoiement de rigueur. Même si les sujets abordés étaient source de conflits, jamais je n'ai ressenti la différence hiérarchique avec mon interlocuteur… Mais plutôt les rivalités entre lui et mon propre chef, avec parfois l'expression de désaccords bien sentis…

J'ai compris qu'en appartenant à la Direction de la Recherche, je bénéficiais d'une aura qui me permettait d'ouvrir toutes les portes. Le pouvoir c'était la technique, le savoir… Pas encore l'argent.

Les codes

« Plus fiable que la navette NASA, la navette DACIA ! »

Pitesti 2004

Martisor (2004)

Xavier E. me proposa de rejoindre l'équipe locale de démarrage pour l'industrialisation de LOGAN en Roumanie. Ce projet se situait en fin de phase d'étude et l'usine se préparait à fabriquer le premier lot de commercialisation et à monter en cadence. L'équipe d'étude de la LOGAN, restreinte depuis l'origine, était épuisée par trois ans de relations exténuantes avec les Roumains. On peut deviner la distance, tant sur l'organisation que sur la technicité, qui séparait Dacia de Renault, même pour développer un modèle simple et peu coûteux. Les Français tiraient bien sûr la couverture à eux en affirmant que la LOGAN c'était une conception Renault et non Dacia. D'ailleurs il était écrit à l'arrière de la voiture « LOGAN by RENAULT », ce qui d'une certaine façon ne valorisait pas nos interlocuteurs Roumains. Néanmoins, le prix ultra-compétitif d'une LOGAN résultait, outre le coût de main-d'œuvre très bas de l'usine, d'un tissu fournisseur très étudié dont Dacia avait le leadership. Pour résumer, l'équipe française de la LOGAN ne voulait plus se rendre en Roumanie. Elle cherchait du sang neuf.

Je fis connaissance d'Henri que j'allais remplacer progressivement. Il me dit tout de suite que pour la Roumanie, il me fallait une panoplie : des vêtements chauds, des gants et surtout aux pieds des Rangers ! « Pourquoi des Rangers ? Il y a bien des

chaussures de sécurité grand froid fournies par l'entreprise ? »
Henri me précisa qu'outre le froid, le problème ce sont surtout les
chiens errants dans l'usine et dans toute la Roumanie d'ailleurs.
« Quelquefois, un coup de pied bien senti et on se sort de situations
délicates ! ». Philippe G. que je connaissais, m'invita à me joindre
à lui pour une prochaine mission sur place. « Je m'occupe de tout
fit-il : avion, chauffeur, hôtel… ». Nous partîmes en fin d'après-
midi, un mois d'octobre, pour Bucarest. Le choc fut non seulement
le froid, -10°C dès ce début d'automne, mais également le
parcours dans cette ville décatie aux bâtiments imposants, dans
leur jus depuis 1989 voire depuis les années soixante, héritage de
l'époque communiste. Les rues perpendiculaires aux avenues
étaient bien souvent en terre battue, boueuses ou gelées, non
éclairées et sans trottoirs. L'hôtel fut correct. Philippe m'annonça
qu'il y avait une heure de route entre notre hôtel et l'usine. Aussi,
étions-nous attendus le lendemain à 6 h 30 dans le hall pour le
départ de la navette. Le chauffeur conduisait à vive allure, mais de
façon sûre. Visiblement il maîtrisait chaque mètre de cette
succession de routes, pistes et terrains à nids-de-poule. Philippe
me dit qu'ils font souvent des détours pour éviter le trafic. Nous
traversions des villages dans la périphérie de Bucarest avant de
rejoindre l'autoroute. Les chiens n'attendaient que nos roues pour
se faire les crocs. Nous évitâmes les troupeaux de dindons et les
carrioles à cheval remplies de foin. « S'il n'y a pas de plaque
d'immatriculation à l'arrière, c'est que c'est une charrette de
Rromi. La nuit ils mettent une bâche par-dessus et dorment
dedans, dans le foin », témoigna Philippe. Le ciel était limpide et
le givre commençait à se former côté intérieur des vitres de la
voiture, malgré le chauffage. J'eus un frisson en pensant à ces

Les codes

Rromi dormant dehors par ces températures ! Nous fûmes bercés par le ronron monotone du moteur sur l'autoroute, propice pour finir notre somme, suite à une nuit écourtée. Le départ à 6 h 30 signifiait un lever à 4 h 30 du matin compte tenu du décalage horaire. J'ai fait cela pendant une année, une semaine sur deux. Le soleil levant faisait rougeoyer la plaine enneigée. Nous distinguâmes les hautes cheminées fumantes d'une usine, dix kilomètres avant l'entrée de Pitesti. « Il paraît que c'est la plus ancienne raffinerie du monde, avec celle de Bakou ». Je m'imaginais mon grand-père qui avait travaillé en Roumanie il y a 70 ans. Il a certainement eu la même vision que moi de cette raffinerie. Pitesti est une ville boueuse, encombrée de camions que nous traversâmes rapidement pour rejoindre la rocade nord qui longe l'Arges, la rivière locale qui a donné son nom au judet*. La voiture quitta la route principale, pour rejoindre une route secondaire menant au village de Colibasi. C'était l'heure de l'ouverture de l'école et maints enfants sautillants, emmitouflés de bonnets, d'écharpes se rendaient en classe, le long de cette rue sans trottoirs. Comment était-il possible que ce village fût également l'accès principal de l'usine, avec toute cette file de camions qui s'y rendaient ? Enfin nous vîmes l'entrée principale. Elle était flanquée d'un côté par le « pavillon », bâtiment administratif en hauteur que l'on distingue nettement en vue d'avion et de l'autre, par le bâtiment imposant d'emboutissage et ses 25 mètres de hauteur.

Judet : équivalent d'un département*

L'usine était encerclée par un mur de béton surmonté de barbelés. Des miradors couverts avec des hommes en arme en complétaient la défense sur tout le pourtour. « C'est un ancien arsenal militaire ? » fis-je. Philippe me dit qu'il y avait beaucoup de fauches. C'est pour cette raison que l'usine était bien gardée. L'imagination des Roumains est sans limites. J'ai appris que dans l'atelier mécanique, ils avaient dressé un chat pour le vol de segments de pistons. Après lui avoir enfilé autour du cou une bonne quantité de segments, ils l'effrayaient en tapant violemment dans les mains.

Le chat fuyait alors l'atelier et passait par une brèche soigneusement entretenue de l'enceinte en béton, où quelqu'un posté là, le capturait pour récupérer le précieux larcin.

Nous parcourûmes l'immense parking extérieur pour rejoindre le bâtiment administratif. Cette marche par un froid glacial, rythmée par le martellement sourd des presses, le crissement des pas dans la neige, le givre qui se formait sous le nez et enfin l'odeur de métal et d'huile mêlés, finissaient par vous sortir de votre torpeur et vous mettre en condition. Une fois les formalités effectuées, nous pénétrâmes dans le pavillon pour rejoindre la RAP, Revue d'Avancement Projet, qui avait lieu tous les mardis à 8 h 00 dans une salle d'audioconférence. Cette réunion était le point d'orgue de la semaine. Elle était coprésidée par S. Valin le directeur de l'usine, F. Fourmont directeur de Dacia et J.-M. Deroche nouvellement nommé directeur du projet. De façon inhabituelle S. Valin avait privilégié la logistique plutôt que la fabrication en nommant l'équipe rapprochée qui lui était rattachée. Celle-ci devait lui rapporter en direct pour le moindre soupçon d'écart d'inventaire nuisant à la bonne marche de l'usine. Il avait veillé à rencontrer personnellement les personnes clés du secteur

Les codes

de l'approvisionnement des pièces. Elena et Camélia en étaient issues. Aussi, la matière principale soumise à un examen précis en RAP était amenée par elles, listant chacune les défaillances de l'ingénierie et toutes les erreurs qu'elles constataient à savoir les spécifications erronées, les manques de pièces et tout ce qui empêchait « d'avancer bien ». Henri se dépatouillait de tous ces problèmes, parfois relayés et amplifiés par la direction de l'usine. Je compris que j'allais hériter de ce rôle de souffre-douleur. Il fallait absolument neutraliser les problèmes remontés par mes détractrices. Aussi je pris l'habitude de les voir une heure avant la RAP, avec quelques informations, pour désamorcer les sources de conflits. Cela marchait mais pas complètement, Elena et Camélia ne pouvant résister à l'envie de casser du sucre sur notre dos. « Mais sur qui je dois taper maintenant ? Qui est le responsable ? ».

Un collègue m'informa que le 1er mars, avait lieu une fête importante dans le calendrier roumain : la fête du printemps, du renouveau et des femmes ! Je me renseignai sur la coutume et acquis des broches figurant un ramoneur, très populaire chez les Roumaines… Et les Savoyardes. La RAP du 1er mars arriva et je rendis visite comme d'habitude à Camélia et Elena. Après force embrassades et cadeaux, les relations furent alors beaucoup plus apaisées. Les critiques et remarques cessèrent aussitôt. Merci Martisor ! S. Valin et F. Fourmont changèrent de cible…

Comme chef de projet ingénierie adjoint, en charge de « la vie série », j'étais pris en tenailles : d'une part l'usine, mais également ma responsable fonctionnelle au siège, Odile P., chef de projet ingénierie de LOGAN. Les anciens du projet la surnommaient

Les codes

« tata Odile ». Odile P. N'avait-elle pas affiché dans son bureau une empreinte de singe, suivie d'une empreinte de chaussure d'homme et enfin d'une empreinte de chaussure à haut talon, avec pour légende explicite : « évolution de l'autorité ». Aussi je ne comprenais pas l'empathie de mes collègues à son égard. Odile P. me faisait plutôt penser à Margaret Thatcher dans sa façon de manager… Elle avait le goût des réunions plénières qu'elle animait par monologues et des rendez-vous à sept heures (du matin ou du soir). Après deux lapins posés par Odile, je décidai de surseoir à cette coutume.

Ces années LOGAN furent physiquement éprouvantes. Les relations avec les Roumains, difficiles au début, devinrent presque agréables pour peu qu'on se donne la peine de comprendre leur façon de fonctionner. Ils sont en fait très latins et proches de nous dans leur attitude. J'ai retenu cependant qu'ils ne prennent pas le leadership spontanément et ne cherchent pas à se mettre en avant si d'autres aspirent à le faire à leur place. Une grande prudence devant la nouveauté et le goût du consensus obligent à faire preuve vis-à-vis d'eux de conviction et de patience. Mais ces années roumaines restent pour moi parmi mes meilleures années professionnelles !

A propos d'un des bancs de parallélisme en panne et de 1200 voitures sur parc à retoucher. S'adressant à Florin A. :

« Tes discussions de merde avec la DPSI, c'est comme l'histoire de la maison qui brûle !

Les codes

Tu dis que quelqu'un va résoudre le problème, mais en attendant, il y a le feu au rez-de-chaussée de la maison.

Mais vous ne faites rien ; vous avez l'estampille …

Le feu se propage dans la cuisine. Mais vous ne faites rien, car vous avez l'estampille…

Le feu atteint maintenant le premier étage où dort la belle-mère, mais vous ne faites décidément toujours rien car vous avez l'estampille …

La maison n'est maintenant plus qu'un tas de cendres devant vous et qu'est-ce que tu fous avec toutes ces estampilles ?!!!

Puis en trépignant et en sautant sur place :

Je voudrais que vous partagiez mon énervement ! "

S.V. Pitesti 2006

L'usine (1996 – 2016)

L'usine est un monde à part, que l'on aime côtoyer ou que l'on fuit selon son tempérament. Aussi Renault oblige toute nouvelle recrue, jeune ou non, à réaliser un stage ouvrier en chaîne. Tout ingénieur a été un jour confronté au monde industriel. Elle est par essence le monde de l'action. Son mode de fonctionnement s'appuie sur des décisions rapides dans un champ étroit et « normalisé », constitué d'innombrables procédures, fruit du savoir-faire et de l'expérience industrielle capitalisée du constructeur, voire échangée avec ses concurrents. Cette formidable machine à dupliquer fabrique des produits à un niveau de qualité calibré, c'est-à-dire ni plus ni moins que nécessaire pour l'image de marque, mais aussi quotidiennement des « loupés » qu'il faudra retoucher et des incomplets lors des ruptures d'approvisionnement de pièces. Le volume journalier produit, jusqu'à 2000 véhicules par jour, oblige à la rapidité dans la détection de l'anomalie des process et à la réactivité dans la mise en œuvre de solutions palliatives. Dans l'usine, chacun agit, c'est-à-dire, pallie l'aléa de production, selon son rôle, en s'appuyant sur un bon diagnostic de défaillance. La pression des coûts et du temps, la pression hiérarchique qui réclame un sparadrap avant même que l'on ait compris la cause de défaillance, peuvent conduire à de faux remèdes qui, par effet d'avalanche, empirent bien souvent la situation initiale. Aussi la responsabilité du diagnostic et du plan d'action résultant, encore appelé « QC story* », est essentielle. Elle relève de la plus haute compétence locale, soit celle des chefs de départements de production (emboutissage, tôlerie, peinture, montage et logistique) qui y consacrent une part importante de leur management.

QC story : méthode structurée de résolution de problème basée sur le PDCA (Plan, Do, Check, Act). Concrètement il s'agit de l'analyse du problème comportant la quantification de son occurrence, l'arbre de défaillance, la solution au problème avec son planning d'application et

Les codes

l'apport prévisionnel en qualité du plan d'action. Tout cela synthétisé sur une feuille A4.

L'organisation interne d'une usine automobile comptant environ 3 000 employés ne se justifie que pour apporter le maximum d'efficience et s'appuie, de l'opérateur jusqu'au manager, sur des compétences hyperspécialisées. Aussi le verbe y est frugal. Chacun apporte sa pierre selon son périmètre.

Il y a ainsi, contrairement au lieu commun, peu de conflits managériaux et très peu de réunions au quotidien pour la résolution des problèmes. Les domaines, qui donnent lieu à des confrontations rugueuses, sont bien sûr les augmentations générales, la compression de personnel ou des problèmes d'hygiène et de conditions de travail. Mais heureusement, ce n'est pas le quotidien.

Pour faire face à une concurrence internationale exacerbée, même si la part du coût de fabrication est mineure, soit moins de 10% du coût complet d'une voiture, l'organisation du process de production se complexifie et s'améliore sans cesse. À cette fin, les établissements s'épient, se comparent, retiennent et appliquent les « best practices » des autres.

Pour bien le comprendre, il faut avoir en tête en quoi ont consisté les évolutions majeures des unités de production automobile au cours des trente dernières années.

Dans les années 70-80, le nombre de modèles dans la gamme était faible (trois ou quatre modèles tout au plus) et le cycle de renouvellement de ces modèles était très lent ; parfois 25 ans comme pour la DS, la 4L , la 2 CV.

À cette époque on disait : un modèle - une usine. Les modèles étaient conçus pour leur marché domestique. S'ils plaisaient à l'extérieur, c'était un plus qui permettait d'accroître les volumes, mais en aucun cas on ne modifiait significativement le modèle de base pour un marché export.

La robotisation est intervenue très vite et très facilement en tôlerie, où les opérations d'assemblage, parce qu'elles sont spécialisées et qu'elles ne comportent pas de diversité d'opérations, sont réalisées de façon plus efficiente et répétable par des machines plutôt que par des hommes.

Le montage est resté peu robotisé. Cependant il a été standardisé, notamment en assemblant toujours les modèles selon la même séquence. Ainsi, l'introduction d'un nouveau modèle dans une chaîne de montage ne perturbe pas la production du modèle en cours. Tous les projecteurs, tous les sièges, sont montés dans le même segment de la chaîne, au même endroit. Les segments ont été divisés en pas de travail et une cadence standard est apparue : le 60 véhicules/heure.

Si la demande commerciale excède cette cadence de production, on installe dans l'usine un nouveau flux. Ainsi, dans les années 90, les principales usines du groupe Renault en Europe occidentale étaient des usines à deux flux de 60 véhicules /heure. C'est avec une production journalière de 2 300 véhicules de l'usine de Douai, au milieu des années 90, que Renault s'est constitué un trésor de guerre et a pu acquérir en trois ans, Samsung Motor, Dacia et une part majoritaire de Nissan.

Un tournant a été pris par les Japonais au début des années 2000, lors de la recherche de nouveaux marchés mondiaux. Les constructeurs ont conçu des usines peu robotisées et donc peu onéreuses, extensibles, c'est-à-dire qu'une unité de production initiale de 15 véhicules/heure pouvait être augmentée à 30 véhicules/heure par ajout de lignes process, comme des « briques » que l'on superpose, sans remettre en cause les installations initiales, comme celles des fondations d'un mur.

L'idée consiste alors à tester les nouveaux marchés avec des modèles existants, simples à fabriquer et à dupliquer avec des volumes de production adaptés. Pour limiter le risque économique, il faut tester le marché avec plusieurs modèles à la fois, basés sur une « plateforme » commune, de façon à limiter le plus possible la diversité des pièces.

Le facteur clé de la pénétration des nouveaux marchés par les Japonais a été l'industrialisation locale avec l'invention de l'atelier flexible c'est-à-dire capable de fabrication de plusieurs modèles différents. C'est relativement facile en montage, peinture et emboutissage, mais beaucoup plus complexe en tôlerie. Ils ont ainsi conçu et mis en œuvre des process tôlerie permettant de réaliser 4, voire 8 modèles complètement différents dans le même atelier et ce, à faible cadence tout en restant rentable. Cette flexibilité a été développée de concert avec la modularité ; à savoir qu'un atelier initial capable d'une production de 30 véhicules/heure était prédisposé pour une extension de production à 60 véhicules / heure sans modification significative du bâtiment et des surfaces.

Le Bureau d'Études s'est adapté à cette conjoncture en rationalisant son processus de spécification des pièces. Au lieu de faire complexe, technique et d'appliquer à tout prix sur la série la dernière sophistication proposée par son fournisseur habituel, il fallait concevoir « simples » les pièces constitutives d'un modèle, pour qu'elles soient duplicables dans n'importe quelle région du monde. Le projet LOGAN en est l'illustration.

Le début des années 2000 a vu naître l'essor des taxes à l'importation dans de nombreux pays émergents, essentiellement pour protéger une industrie locale automobile naissante. Après des années, il a été constaté que lorsque la taxe à l'importation était excessive, cela freinait les investissements de partenaires potentiels étrangers. Le développement d'un tissu industriel de fournisseurs locaux de bon niveau, comme en Inde ou en Afrique du sud, en a été retardé.

Le mot d'ordre était l'intégration locale, c'est-à-dire que le prix de revient d'un véhicule fabriqué dans un marché lointain devait être constitué de plus de 50% en valeur, de pièces fabriquées localement.

Cette époque a vu naître des bataillons de « pilotes intégration locale », avec leurs plans de pièces sous le bras, venant auditer les fournisseurs locaux tels les missionnaires des cafés Jacques Vabre auscultant les plantations andines 3 000 mètres d'altitude. « Pourquoi Jacques Vabre se donne-t-il tant de mal ? »

Les codes

En même temps que les usines à l'étranger prospéraient, les marchés domestiques des constructeurs occidentaux se sont contractés avec la crise économique. Le maintien des volumes n'a pu être assuré malgré les politiques de primes à la casse mises en œuvre dans plusieurs pays de l'Europe occidentale.

Les constructeurs se sont alors lancés dans la course à la rentabilité, c'est-à-dire que les opérations de fabrication d'un véhicule devaient être réalisées avec un minimum d'opérateurs et de personnel logistique tout en restant flexibles sur la diversité des modèles à produire. La robotisation, comme c'était le cas dans les années 70, se généralise alors très rapidement… en oubliant parfois l'intérêt de l'adaptabilité et de la dextérité de l'opérateur. Tout est bien sûr robotisable. Le tout est de ne pas oublier les paramètres essentiels dont dépend un process « robuste » c'est-à-dire peu sensible aux dérives de la géométrie des pièces ainsi qu'aux aléas de réglage du poste de montage.

Les usines européennes se sont révélées peu adaptées à ces évolutions. Le nombre de flux et la cadence avaient été réduits pendant la crise ; passant de deux flux de 60 véhicules/ heure à un seul flux de 60 véhicules / heure, voire à un flux de 30 véhicules/heure parfois. Dans le même temps, les modèles à fabriquer dans une même usine ont été multipliés par regroupement, passant d'un ou deux modèles à six modèles. Les logisticiens se sont retrouvés noyés devant la diversité de pièces à approvisionner pour des modèles plutôt haut de gamme comptant de nombreuses versions. La demande en infrastructures routières, quais de déchargement, surfaces de stockage est devenue exponentielle et donc très difficile à emménager dans nos vieilles usines.

Multiplier la production sur le marché international s'est ainsi révélé un enjeu industriel majeur pour tous les constructeurs généralistes, parfois au prix de risques économiques dans des zones géographiques instables telles que la Russie et l'Iran. La mise à niveau des vieilles unités de production européennes fait également l'objet d'investissements conséquents et de mise en conformité aux normes actuelles. Ces sujets sont peu médiatisés devant les enjeux techniques des produits, qui, s'ils sont un tant soit peu branchés internet et écrans tactiles, génèrent la production de dopamine nécessaire à toute intention d'achat. On parle aujourd'hui de voitures connectées et autonomes. Les dépenses en R&D associées sont encore bien modestes devant les investissements industriels dont l'usine est le cœur.

Les codes

« Merci Marin, mais combien de monde à se préoccuper-faire de la poussière et que de peu à s'occuper !!!! »

S.V. Pitesti 2006

Les calculs dans l'automobile (1989)

A l'inverse de beaucoup de mes camarades de promotion, j'ai rejoint l'automobile, après quelques années passées aux Mureaux dans le secteur aéronautique et spatial. Les activités dans le domaine militaire se sont réduites après l'ère Reagan. Le projet de navette européenne HERMES a été abandonné à la même période.

Me rendant pour la première fois au CTR (Centre Technique de Rueil) pour finaliser mon embauche, quelle ne fut pas ma surprise de voir bien alignées sur un parking, huit voitures R21 turbo neuves, à l'époque le modèle le plus cher de la gamme, toutes les huit avec l'avant droit enfoncé !

« Avec un peu de calculs de chocs on aurait pu éviter ces essais coûteux ! »

Je découvris mon premier poste à la Direction de la Recherche, qui avait la réputation de réserve à « chiens savants » au même titre qu'une direction appelée « Bureau de Calculs », dirigé par un ancien patron d'une SSII (Société de Services Informatique).

Je me renseignai sur les moyens de calculs existants et sur la procédure pour les utiliser. Quelques stations de travail SUN

Les codes

furent installées. Personne n'en connaissait le fonctionnement. Elles sont restées pratiquement inutilisées pendant un an. J'étais l'un des rares pionniers avec deux autres ingénieurs utilisateurs à tenter de les maîtriser dans une direction qui ne comptait pas moins de 300 ingénieurs et docteurs.

La raison de mon étonnement trouva son explication lors de mes contacts avec le Bureau de Calculs. Je découvris que s'élaboraient ici les futurs outils numériques de Renault, dont entre autres la simulation des chocs mais également de l'aérodynamique et de la combustion dans les moteurs. Les jeunes ingénieurs qui planchaient à l'époque sur ces outils majeurs ont d'ailleurs tous fait de grandes carrières. Le calcul c'est porteur ! En revanche, le Bureau de Calculs, dont le fonctionnement était jugé trop bureaucratique fut dissous et son directeur démissionna pour poursuivre, j'imagine, dans une autre SSII.

J'avais été embauché principalement pour mener à terme le développement d'un logiciel sur lequel avaient déjà planché deux thésards et impliqué trois laboratoires de recherche. Mes interlocuteurs du Bureau de Calculs le connaissaient de réputation : « Un truc d'universitaire trop lourd, inutilisable dans la pratique et à reprendre complètement ! » L'un de mes objectifs était de le transférer dans les directions métier, futures utilisatrices. Les commentaires du chef du Bureau de Calculs, m'ont éclairé sur le « piège » de mon nouveau poste. L'affaire n'était pas gagnée et donnait lieu à une querelle de chapelle entre mon chef de service et celui des calculs.

Les codes

J'entrepris donc de le simplifier de telle sorte qu'une mise en œuvre initiale de trois mois pour modéliser l'aérothermique d'un habitacle complet, puisse se réduire à deux semaines. Au bout de quelques mois, j'étais assez fier de mon travail et ce d'autant que dans le cadre d'un programme de coopération, Eurocopter fit l'acquisition de ces logiciels.

Mon Directeur d'unité M.. Vimont, futur Directeur de la Recherche, m'a avoué quelque temps après, que ces codes de calculs étaient les seuls que Renault ait commercialisés. J'avais lu dans les revues internes maints articles élogieux sur le logiciel de CAO EUCLID inventé et élaboré chez Renault d'après la théorie des carreaux de Bézier et qui, si j'en croyais les articles dithyrambiques de la revue interne « AVEC », avait presque échappé pour son auteur, au prix Nobel !

Cependant, je ravalai ma fierté en essayant de « vendre » mon outil au service des essais aérodynamiques et thermiques, une chapelle fortifiée du CTR B . Son chef de service, J.-C. Corbel, m'expliqua qu'en phase d'avant-projet on ne connaît que bien peu de chose d'un nouveau véhicule, tout au plus trois à quatre dimensions comme la hauteur, la largeur, la surface vitrée. Donc mon outil, pour être transférable, devait pouvoir fonctionner et surtout être prédictif en ne renseignant qu'une dizaine de données d'entrée tout au plus ! Pour arriver à ce résultat, J.-C. Corbel me conseilla vivement de collaborer étroitement avec le Bureau de Calculs, seul compétent pour élaborer les outils numériques de l'entreprise. « Ça y est ! » Je découvris qu'il y avait une collusion entre ces deux chapelles avec un souterrain pour les relier entre elles sous la rue des Bons Raisins.

Les codes

Avec le recul, les conseils de J.-C. Corbel étaient fondés. En se transposant à l'époque balbutiante où les outils de calculs n'existaient pas dans le commerce et étaient développés en interne, c'était une gageure que de rendre simples et prédictifs des logiciels de laboratoire.

Au début des années 90 Renault et Volvo étaient dans une phase de rapprochement, une sorte de pré-alliance. Toutes les expériences techniques et standards d'essais étaient échangés. Je découvris un sens aigu du pragmatisme chez mes interlocuteurs de Volvo, très proches de la culture anglo-saxonne. M. Lundgren, mon interlocuteur dans le même métier technique que moi, m'avoua qu'ils avaient réfléchi à un logiciel du même type mais en partant de la feuille de résultats. Les calculs devaient donner la même quantité d'informations que ce que l'on dépouillait lors des campagnes d'essais sur véhicules : soient quatre à six températures réparties dans l'habitacle ni plus ni moins. Toute la « sauce » derrière n'avait pas d'intérêt pour l'utilisateur. Seul le résultat importait à condition qu'il soit prédictif. Il me montra la feuille de résultats type qu'il avait imaginée, avec les silhouettes du véhicule en vue de dessus et de côté, tel un formulaire de Hertz ou autre loueur Europcar, que l'on glisse sans y prêter attention dans le fond d'une boîte à gants !

Je retournai donc solliciter J.-C. Corbel pour lui demander quelques courbes d'essais enregistrées lors de missions exotiques à Kiruna et Séville, sur des véhicules de la gamme et entrepris de réaliser un modèle nodal de six nœuds maximum. Les spécialistes comprendront mais pour les profanes, il s'agit bien d' un petit

Les codes

programme pour calculette, censé refléter en dynamique, toute l'aérothermique d'un habitacle automobile.

Je fus moi-même extrêmement surpris des résultats obtenus après avoir réalisé et testé un tel modèle. « L'usine à gaz des thésards » fut définitivement abandonnée et ce malgré le courroux de mon hiérarchique. L'outil ainsi conçu fut, bien que très critiqué, transféré au Bureau de Calculs. J'appris par la suite que trois prestataires dont une ancienne collègue de l'Aérospatiale, avaient planché pendant deux ans pour en faire un outil métier. Publication dans la revue interne « AVEC » oblige !

La suite des calculs (2015)

Je me suis retrouvé la même situation 26 ans plus tard dans le secteur des avant-projets des bâtiments industriels. Notre rôle consistait à chiffrer les projets de futures usines ou de nouveaux ateliers industriels et à constituer les dossiers de décisions, c'est-à-dire la documentation des investissements bâtiment, le planning, les ressources à mettre en place et le périmètre de responsabilités, pour l'engagement de futurs projets. Un outil de chiffrage était en cours d'élaboration dans notre secteur et occupait déjà à plein temps, depuis trois ans, un ingénieur et deux jeunes apprentis. Cet outil devait être partagé avec les Achats et surtout avec les directions régionales en charge de l'immobilier de par le monde. La base de données de chiffrage en constituait le cœur. Elle devait être alimentée par capitalisation des projets précédents et tout chef de projet en fin de mission avait pour devoir de rentrer dans la base de données tous les coûts unitaires réels de son dernier chantier.

Les codes

Sur le papier, l'intention et sa mise en œuvre étaient bien sûr louables. Dans la réalité, le logiciel du commerce qui avait été acquis à grands frais, s'avérait d'une lourdeur extrême.

Les chefs de projet avaient déjà fort à faire pour archiver l'ensemble des plans d'exécution dans les systèmes informatiques. Aussi l'alimentation de la base de prix, n'était en définitive que le reflet de nos propres chiffrages estimatifs. La dépense d'énergie sur cet outil, pour le peu de résultats obtenus exaspérait notre chef d'unité. Le facteur déclencheur fut le montant exorbitant de chaque licence flottante du logiciel que notre collègue développeur demandait d'investir. Une réunion de mise au point fut en conséquence planifiée sans délai avec pour objectif de décider de continuer ou d'arrêter les frais.

J'étais auparavant en mission en Roumanie et avais récupéré une vingtaine de chiffrages d'avant-projets réalisés par l'équipe des travaux neufs immobiliers du site. L'objet de ma curiosité consistait à savoir s'il y avait ou non une corrélation entre ces chiffrages, moyennant des critères de dimensionnement très réduits en nombre, comme la surface des bâtiments, l'existence d'unités de production d'énergie et de fluides… Quelle ne fut pas ma surprise de constater que ces chiffrages étaient effectivement corrélés et obéissaient à des lois de dimensionnement évidentes.

Le potentiel de constitution d'un outil de chiffrage simple, manuel et fiable devenait évident. La difficulté n'était donc plus d'ordre technique mais organisationnelle car susceptible de bousculer les habitudes de travail de l'équipe de chiffrage. Les problèmes de responsabilité surgissaient également : si l'on chiffre trop tôt et même si l'on annonce que le budget est très estimatif, le chiffre va rester dans les mémoires et sera difficile à argumenter et justifier, car non assujetti à une définition technique précise de la part des projets clients. Ce sera donc générateur de conflits.

La réunion sur le maintien ou non de l'activité sur la base de prix et du logiciel associé eut lieu comme prévu et démarra d'emblée sous un feu nourri de notre chef d'unité . « Est-ce vraiment utilisé, voire utilisable par les différents sites de Renault ? Qui concrètement a déjà alimenté la base de prix ? Est-ce que cela fait gagner du temps ? »

Après des discussions houleuses où chacun se jetait la pierre, la question fut posée à chacun d'entre nous pour décider s'il fallait ou non continuer. Un collègue fit une remarque assez juste : « Je viens de chiffrer une fonderie complète pour Curitiba. J'y ai consacré une semaine. Si vous êtes capables de chiffrer cela avec le logiciel en deux jours, je veux bien me convertir »… Finalement un accord fut trouvé pour une période de test supplémentaire de six mois. Ce compromis avait comme unique mérite de sauver la face des belligérants… Chacun regagna son bureau, les principaux intéressés en ronchonnant. L'impression dominante était qu'il y avait une volonté de ne pas essayer, de ne pas se jeter dans le bain de cet outil « fabuleux ».

En retournant à ma place je posai alors la question à mon voisin qui avait sué sur la fonderie : « Au fait, ta fonderie, elle fait quelle surface ? » J'appliquai ma méthode de corrélation établie sur la base des chiffrages de Roumanie et calculai un prix. Il me répondit que ce n'était pas ça mais que je n'en étais pas très loin. Il me précisa les surfaces quand je lui demandai s'il me les avait toutes données et s'il n'avait rien oublié. 1 200 m2 de VRD avaient été omises dans ses informations. Je lui annonçai à nouveau le prix avec les corrections nécessaires : 8,86 M€ !

Long silence de mon collègue. Je me déplaçai vers son écran. Dans le même temps, notre chef d'unité écoutait nos échanges. Je lus sur l'écran et n'en suis pas revenu moi-même : 8,9 M€ !!!

Je vous assure que l'anecdote comme les chiffres sont véridiques. Évidemment on mit cette coïncidence sur le compte de la chance… Et je ne pus m'empêcher de penser à Jean Claude Corbel ainsi qu'à mes péripéties à la Direction de la Recherche 26 ans plus tôt.

Il ne faut pas déduire de ces deux expériences vécues que les codes de calculs lourds et complexes ne sont pas utilisés dans l'automobile ! Les calculs de simulation de crash-test, d'endurance mécanique et d'acoustique sont pratiqués systématiquement et sont indispensables au gain de temps et de coûts de développement des nouveaux projets. Par ailleurs les maquettages numériques ont maintenant remplacé les maquettes physiques depuis pratiquement vingt ans..

Les codes

"On ne manage pas une usine par courrier électronique"

S. V. Pitesti 2006

La Direction de la Recherche (1990)

La Direction de la Recherche dirigée par A. Lagasse, jusqu'à la fin des années 80, a par la suite été dynamisée par J. J. Payan, ex-recteur de l'université de Grenoble. Il avait été débauché du secteur public pour aiguillonner cette direction technique d'une entreprise publique, traumatisée par dix années de déficit abyssal (10 milliards de francs par an) et donc de coupes sombres dans les investissements. Étoffer cette direction était jugé prioritaire. Elle constituait le seul secteur d'embauches externes, une fois l'entreprise redressée successivement par G. Besse et R.H. Levy. Les synergies engendrées avec les laboratoires publics via des contrats SIFRE et autres soutiens de thèses, représentaient environ 600 personnes qui de près ou de loin contribuaient à la R&D du constructeur automobile national. La Direction de la Recherche créa son comité scientifique, constitué de personnalités du monde extérieur que l'on réunissait périodiquement afin d'évaluer la pertinence des travaux en cours et des résultats obtenus. Parmi ses membres, le professeur de mathématiques de polytechnique était évidemment incontournable, mais également Philippe d'Iribarne et autres personnalités françaises et étrangères appartenant au monde des leaders d'opinion.

La voiture est un produit techniquement mûr et abouti dans son essence. Elle n'évolue que par agrégation de multitude de petits progrès technologiques. Si on résume les dernières innovations

35

significatives apportées, on peut citer la maîtrise du vieillissement aux ultraviolets des polycarbonates qui a permis la généralisation des projecteurs aux formes complexes en remplacement du verre, l'injection directe essence et diesel et les moteurs à mélange pauvre pour les économies de carburant… Mais pour le reste, une automobile est sustentée depuis des décennies par un train arrière en « H » déformable et un train de type « Mac Pherson » à l'avant, une transmission avant pour les « faibles » puissances et une propulsion et une boîte automatique pour les fortes puissances. La carrosserie est toujours en tôle et assemblée par points de soudure. Rien des fondamentaux n'a vraiment changé depuis 30 ans. Certes la voiture devient progressivement un smartphone sur roues car c'est la mode du moment. La veille technologique reste indispensable pour ne pas se faire dépasser par la concurrence. Mais s'agissant de la recherche avec des laboratoires, ce n'est peut-être pas stratégique. J'ai été moi-même auteur d'une demi-douzaine de brevets d'invention testés et réputés efficaces. Comme des milliers d'autres, aucun n'a fait l'objet d'une application concrète. Finalement ne vaut-il pas mieux suivre ce que les fournisseurs majeurs développent très bien et trier ce qui fera vendre de ce qui restera anecdotique ? Nombre de directeurs chez Renault en étaient convaincus et C. Ghosn qui n'investit que dans ce qui rapporte, y compris dans la recherche, a réalisé des coupes sombres et massives dans les effectifs de la Direction de la Recherche. Il citait Hyundaï : « Il est le constructeur qui a le plus progressé en chiffre d'affaires et en qualité, en ne consacrant dans l'innovation que le plus faible budget des constructeurs majeurs. » La MOP* que diable, la MOP !

MOP : marge opérationnelle

Les codes

Plus que la « colline inspirée » dévolue au bureau d'études, la recherche lorsqu'elle s'est étoffée à partir de la reprise des embauches, avait la réputation de n'être constituée que d'universitaires sans connaissance du Produit et a fortiori du monde automobile. Comme les ingénieurs chercheurs, la hiérarchie de cette direction était, en majorité, récemment embauchée, victime d'une méconnaissance des besoins de nos directions clientes. Leurs responsables, « les cow-boys », étaient issus des services d'essais et de validation tels que l'acoustique, la thermique, la liaison au sol et la synthèse, où résidait le savoir-faire. D'une certaine façon, la Direction de la Recherche portait de l'ombre au secteur des essais qui revendiquait officieusement un monopole d'expertise. J. J. Payan avait le plus grand mal à asseoir la crédibilité de son secteur. Aussi procéda-t-il, après plusieurs années, à la débauche d'ingénieurs reconnus dans les directions techniques, issus du bureau d'études et des essais. Ceux-ci bien sûr hésitaient à franchir le pas de l'aval vers l'amont. La recherche est-ce porteuse pour ma carrière future ? Le management y est en effet moins développé qu'ailleurs, compte tenu de l'autonomie des chercheurs bac +5 ou 7. Pour les attirer, les travaux de recherche furent fédérés dans des projets dits « thématiques », qui permettaient de « s'éclater » dans les innovations. Ils étaient beaucoup moins onéreux en coûts de réalisation que les véhicules de synthèse sur lesquels le bureau d'études et surtout le style matérialisaient leurs prospectives, sans grandes retombées applicatives. Je fus pilote en 1992 d'un de ces projets thématiques dans le domaine du confort thermique, et nous engageâmes cette démarche d'innovation avec Volvo, leader à l'époque, de la mesure et de l'objectivation du confort.

Les codes

Volvo s'était doté de mannequins thermiques instrumentés et bardés de résistances et de thermocouples, que l'on habillait et que l'on plaçait dans l'habitacle du véhicule à tester, comme n'importe quel passager. De notre côté, nous venions d'acquérir un tel mannequin. Cela nous rapprochait dans la démarche. Le projet thématique rassemblait les innovations brevetées que nous avions dans nos cartons. Nous nous sommes mis d'accord pour les évaluer et hiérarchiser leurs apports potentiels. Les résultats ont été montrés et proposés dans le cadre, d'une part, de la nouvelle plateforme commune P4 (futur haut de gamme Renault Volvo), qui a été abandonnée lors de la rupture de l'alliance en 1993 et d'autre part, du nouveau projet de véhicule électrique ELEGIE. Sur tous ces projets thématiques nous déplorions avec mes collègues l'absence de débouchés, malgré le potentiel démontré des solutions. La connaissance qu'avaient les chercheurs du process industriel et de l'impact des innovations sur la fiabilité du produit et les risques qualité restait lacunaire. D'où la prudence des bureaux d'études pour introduire des nouveautés issues de la recherche. In fine, les innovations qui ont été introduites dans la gamme sont en grande majorité celles développées et proposées par nos fournisseurs, pour peu qu'elles coïncident avec les orientations et image de marque que Renault voulait apporter sur sa gamme future.

La politique de C. Ghosn a consisté à concentrer la R&D Produit sur des projets précurseurs comme le véhicule électrique et maintenant la voiture connectée en dotant ces projets, dès leur initialisation, d'une organisation calquée sur celle des projets classiques et d'un budget conséquent, malgré l'inconnue majeure du retour sur investissement. Le meilleur ingénieur motoriste fut d'ailleurs chargé de développer la chaîne de traction du véhicule électrique… Sans bien sûr qu'il y ait de liens entre ses compétences techniques et l'objet à développer. Mais sa nomination était un symbole, montrant par là que la Direction de Renault y mettait une très forte crédibilité interne.

La vraie question en matière d'innovation et par là de la quantité de dépôts de brevets associés, qui en est l'un des marqueurs les plus significatifs, réside dans le choix de l'affectation des ressources et des budgets associés pour obtenir à terme un avantage concurrentiel.

Louis Schweitzer* voulait développer les innovations sur la gamme pour concurrencer, à qualité moindre, les produits allemands et sortir ainsi des frontières du marché domestique pour pénétrer le marché européen. La Recherche Produit fut encouragée et J.-J. Payan eut des objectifs ambitieux en matière de dépôt de brevets pour se rapprocher des performances des Japonais, considérés comme leaders à l'époque.

Dans mon secteur qui comptait 5 ingénieurs et chercheurs, nous devions déposer au moins 8 brevets par an ! Avec le recul, force est de constater que la première gamme MEGANE fut paradoxalement peu innovante dans son contenu, ne serait-ce que parce que développée sur une plateforme ancienne (celle de la R19). Le véritable avantage concurrentiel fut le SCENIC, déclinaison en plus petit de l'ESPACE qui, bien que peu innovant techniquement, s'est traduit par des ventes en forte croissance.

Le process industriel du SCENIC, dimensionné initialement pour une production de 350 véhicules par jour atteignit à terme la

Les codes

capacité maximale de 1 100 véhicules par jour pour faire face à la très forte demande commerciale.

Lors de l'atteinte de la maturité de l'alliance Renault-Nissan vers 2007-2010, d'importants moyens de R&D furent consacrés aux standards de fabrication, en particulier en tôlerie.

Les buts recherchés furent d'une part la flexibilité des lignes pour permettre l'assemblage de plusieurs modèles des deux marques et, d'autre part, la réduction des coûts de fabrication. Au sein de l'alliance, Renault considérait que le leadership était chez Nissan qui disposait déjà de standards de flexibilité depuis mi-1990. La plupart des solutions process du nouveau standard AIMS* furent d'origine Nissan. Des brevets dans le domaine du process furent encouragés et déposés. Les innovations process furent mises en œuvre en parallèle avec une importante délocalisation de production dans les pays low cost, notamment en Roumanie, Russie, Maroc et Inde. Renault a capitalisé dans ce domaine car la délocalisation ne fut pas engagée au détriment de l'innovation. Les innovations process furent mises en place dès la création des nouvelles usines de Chennai, Tanger et en Chine.

Les autres usines low cost furent dès lors modernisées et alignées sur ce nouveau standard. Renault en tira un avantage cumulé sur la réduction des coûts qui accrut sa position parmi les leaders mondiaux.

On ne peut durablement espérer un avantage concurrentiel, si les bénéfices apportés par les délocalisations sont mal réinvestis.

*AIMS : Alliance Industrial Manufacturing Standard

Les codes

Il a été montré lors d'un colloque international au Collège de France* que les bénéfices engendrés (à court terme et facilement acquis) peuvent conduire à des dérives fatales à l'entreprise, si elle ne se base que sur une stratégie exclusive de profits. Le recours massif à la délocalisation de beaucoup d'entreprises américaines est reconnu maintenant comme la cause de leur baisse de compétitivité ainsi que de l'obsolescence de leur offre Produit. L'innovation est plus que jamais l'arme nécessaire des pays développés pour faire face à la concurrence mondiale.

Aussi furent développées par Renault deux gammes innovantes et hors concurrence parmi les constructeurs généralistes ; celle de la gamme low cost LOGAN et celle des véhicules électriques. Cette même démarche est en cours avec les véhicules connectés et autonomes où Renault semble montrer l'exemple à l'aune de la communication de nos concurrents qui s'y emploient également et ne veulent plus se faire doubler par Renault, le franc-tireur !

Philippe Aghion , Conference on Trade, Innovation and Intellectual Property, Collège de France décembre 2017

Le contrôle actif du bruit - l'exemple de Mercedes (1992)

Pour un monteur, il est déchoir que de recourir à une « fixation positive », c'est-à-dire à une vis pour fixer un habillage. Il est préférable de clipper, opération réalisable facilement et rapidement sans pièce et outillage additionnels. Pour l'opérateur en chaîne c'est tout bénéfice car globalement moins coûteux en temps de main-d'œuvre. Le problème du clippage, utilisé largement par les constructeurs généralistes, réside dans la difficulté à dé clipper sans abîmer la pièce. Le clippage s'altère et vieillit au cours du temps, d'où les bruits de carrosserie générés.

Lors d'une présentation des projets thématiques au comité scientifique, j'assistai à la présentation d'un collègue qui pilotait le Projet de contrôle actif du bruit. Y contribuaient un polytechnicien, un centralien et quelques thésards. Dans le principe, cela consiste à capter les bruits ambiants dans l'habitacle et après analyse, à générer des vibrations opposées de telle sorte que les occupants ne perçoivent que des bruits fortement atténués. Ce principe semble aujourd'hui presque banal, car proposé sur les casques de musique haut de gamme. Mais à l'époque, soit il y a plus de 25 ans, c'était très innovant !

La discussion s'engagea avec le prof de math de polytechnique à propos du solveur qui permettrait de résoudre, en phase, en fréquence, et bien sûr en tridimensionnel, la génération d'un « contre-bruit ». Les discussions d'intendance portaient sur la quantité et la position des capteurs, à savoir les micros destinés à détecter les bruits. Les « contre-bruits » devant être générés par la radio et les haut-parleurs existants dans le véhicule. Très vite, on constata que le concept avait ses limites : celles de la vitesse de résolution du solveur et des performances de l'ordinateur embarqué pour générer les « contre-bruits ». La conclusion majeure de ces recherches stipulait que les bruits ne pouvaient ainsi être effacés que pour un seul occupant... Le conducteur ou un autre, pour peu que l'on sache d'une manière pratique localiser ses oreilles. En résumé, il n'était pas acquis que cette prestation puisse se matérialiser un jour, y compris dans le haut de gamme. Aujourd'hui ce n'est d'ailleurs toujours pas le cas…

La fin de la présentation se déroulait en bonne compagnie mathématicienne, dans laquelle l'Espace de Hilbert se disputait avec les Transformées de Tartempion et consorts. Un des membres du conseil demanda la parole et commença dans un français hésitant : « Je ne comprends pas pourquoi vous parlez de solutions très compliquées pour éliminer les bruits des plastiques dans l'habitacle. Faites comme Mercedes, mettez des vis ! ».

Les codes

Je voudrais que l'on se livre à une petite digression :

Tout le monde se dirige vers la sortie du bâtiment qualité et s'aligne de l'autre côté de la rue...

On croit à une photo de famille. Sur le côté, le chauffeur du directeur se marre.

Je voudrais qu'avec votre tête de Roumain « standard », vous me disiez ce qui ne va pas.

Y'attends la réponse ... (Grand silence)

Et toi Anica tu n'as pas compris ce qui ne va pas ?

Elle parle d'une tache sur le mur du bâtiment refait à neuf, mais ce n'est pas la bonne réponse.

Il s'agissait du mauvais équilibre entre la quantité d'arbres plantés entre le côté gauche et le côté droit de la porte d'entrée.

Il faut me couper tout ça !!!!!! Ca fait pas qualité !

S.V. Pitesti 200

D14 (1996)

Ce bâtiment décati sans fenêtres, niché au milieu du Trapèze à Boulogne était considéré comme le Saint des Saints. En quittant la

Direction de la Recherche j'aspirai à devenir un jour chef de Projet. Cependant, le déroulement d'un Projet véhicule me paraissait tellement complexe que d'une certaine façon il fallait selon moi y entrer par la petite porte, emprunter des détours en essayant de décrypter tous ces processus complexes qui permettent de passer de l'idée à un nouveau modèle en série. Les montants financiers engagés avaient une dimension stratosphérique et témoignaient qu'une armée de personnes devait y être impliquée. J'ai entendu le chiffre de 500 personnes. Je pense que ce chiffre est réaliste dans la période des années 90.

C'est donc à la Direction des Coopérations Industrielles que je choisis d'aboutir. Il s'agissait de réaliser des petits projets à taille humaine avec des carrossiers ou des partenaires comme l'était Matra à l'époque. Le processus était simple compréhensible et avait l'avantage de reproduire à petite échelle, tout le jalonnement d'un grand projet et de passer par les mêmes étapes. C'était une excellente école qui de plus, me permettait de me confronter à la Direction de la Qualité et surtout au Commerce.

Quoique l'on en pense, le jalonnement qualité d'un projet n'est pas en rapport direct avec le niveau de qualité du modèle développé qui aura franchi tous les obstacles de ce jalonnement. Il y a eu des Projets jalonnés de façon exemplaire et qui une fois sortis en série, ont donné lieu à des campagnes de rappel extrêmement coûteuses et nuisibles à l'image de l'entreprise. Ayant suffisamment appris pendant deux ans avec les filiales commerciales européennes, les services d'essais, les bureaux d'études et d'homologation et la Direction de la Qualité avec laquelle j'ai eu à négocier une soixantaine d'accords de fabrication et de commercialisation, l'opportunité de piloter un projet transversal (versions GPL usine) se présenta. Elle me conduisit progressivement à intégrer la Direction de Projet : Sce 0713 , le Graal en quelque sorte !

D14 rassemblait ainsi une trentaine de personnes à savoir les Directeurs de Projets ainsi que leurs aides de camp directs tels que les assistants économiques, les logisticiens et les besogneux chargés de piloter la mise en œuvre du démarrage des nouveaux modèles et des nouvelles versions en usine. Ce bunker, vitré uniquement en toiture, était gardé par deux portes badgées successives. Les cloisons étaient opaques au regard mais très transparentes au son. Elles permettaient entre autres d'écouter sans altération les conversations téléphoniques des autres, surtout lorsqu'elles étaient animées. Les Directeurs de Projet étaient nommés par R.H. Levy lui-même et étaient considérés à ce titre comme des mandarins. Ils en étaient bien conscients et déversaient très souvent leur surplus d'adrénaline et de testostérone dans leurs combinés respectifs. Chaque équipe étant dans le même bain, le partage informel des expériences autour d'un café croissant le matin était monnaie courante. Les anciens n'étant pas avares de leçons auprès des jeunes de la garde rapprochée, dont je faisais partie.

Les moteurs de Grand-Couronne (1996)

Pour les versions GPL usine, Renault fabriquait les moteurs ad hoc dans son usine de RIMEX au Mexique, au même titre que les moteurs essence de la gamme supérieure. Les moteurs GPL comportaient une culasse spéciale à soupapes et sièges renforcés. Ces moteurs étaient acheminés par bateau rapide jusqu'au site logistique de Grand-Couronne en Normandie. Grand-Couronne réalisait, outre le stockage et l'expédition, l'habillage de ces moteurs, c'est-à-dire l'ajout des accessoires fabriqués en Europe. G. Detourbet, l'un des Directeurs de Projet moteurs, s'était personnellement impliqué dans le GPL et n'avait pas ménagé sa peine pour que les solutions techniques aboutissent concrètement et rapidement dans la définition technique des moteurs. Il visita un jour le site de Grand-Couronne. Les responsables du site s'étaient plaints, à propos des moteurs GPL, de la nécessité de trouver des surfaces de stockage supplémentaires. Il y avait là 500 moteurs prêts à être livrés aux usines de carrosserie montage et le bateau rapide devait en livrer 500 autres deux jours plus tard. G. Detourbet s'inquiétait de savoir si ces moteurs étaient bien appelés par les usines véhicules, c'est-à-dire s'ils étaient effectivement consommés et s'il n'y avait pas d'erreur de logistique ou de spécification.

J'animais une réunion projet à D14 dite institutionnelle, c'est-à-dire qu'elle avait lieu toutes les semaines, à jour et heure fixes, en présence des acteurs principaux, issus des bureaux d'études, des essais, de la logistique, en fin d'après-midi. Celle-ci se terminait et chacun rangea ses documents et présentations lorsque G. Detourbet entra dans la salle à pas chaloupés et se planta devant moi. Il me dit d'un ton très calme et déterminé : « Il y a 1 000 moteurs GPL à Grand Couronne qui ne sont pas consommés. J'espère que l'on ne fait pas tout ça pour rien. Nous avons bien d'autres choses à faire que du GPL ». G. Detourbet était déjà une figure dans l'entreprise. Il fallait nécessairement prendre

Les codes

l'engagement d'une réponse précise et sans délai. Je lui répondis du tac au tac, plus par réflexe d'ailleurs, que j'allais documenter le sujet et qu'il aurait la réponse sur son bureau le lendemain matin. Il repartit en silence vers son bureau du même pas calme et chaloupé.

Je regardai ma montre dès qu'il fut sorti de la salle et vis qu'il était déjà 19 h 00 ! Je n'allais pas trouver grand monde informé du problème pour répondre à mes questions. G. Detourbet était un lève-tôt, à l'œuvre dès 7 h 00 du matin. Les collègues sortirent de la salle en compatissant. L'un d'eux me conseilla d'appeler deux ou trois personnes de Grand-Couronne et de Sandouville. Je pris mon téléphone et passai les coups de fils nécessaires. La chance était au rendez-vous car les personnes averties étaient encore disponibles. L'information de G. Detourbet était déjà ancienne car elle datait d'une semaine et Sandouville avait déjà appelé 300 moteurs et MATRA 400 autres.

Je n'eus aucun retour et écho de sa part les jours suivants. Cela se passait ainsi à D14. Les paroles et remarques c'était quand il y avait des problèmes, c'est-à-dire le lot commun. D'une certaine façon c'est ce qui justifiait notre rôle. Le silence était bien rare !

Les démarrages usine (1997)

Les réunions de démarrage usine constituaient un des rituels des projets. Elles avaient lieu les mardis matin à 8 h 00 dans chaque usine du groupe. Cela se traduisait sur les autoroutes, principalement de l'Ouest et du Nord, par des cortèges de voitures

Les codes

Renault de service, se suivant pare-chocs contre pare-chocs à vitesse très excessive ! Évidemment tous les « démarreurs » connaissaient pas cœur l'emplacement des radars. Cette donnée était d'ailleurs l'une des informations principales que l'on vous communiquait lorsque vous commenciez un projet industriel !

Comme je m'occupais d'un projet transversal qui concernait tous les véhicules de la gamme, j'eus des périodes de démarrage avec plusieurs réunions usine programmées le même mardi. Douai et Sandouville ne voulaient pas déroger. Un aménagement fut trouvé : Douai ce serait le matin à 8 h 00 et Sandouville l'après-midi à 14 h 00. Entre les deux, il fallait parcourir entre Douai et Le Havre une route nationale dangereuse avec des rideaux d'arbres et des vents violents latéraux et pluvieux, le tout en ingurgitant un sandwich en conduisant. C'était une épreuve physique, car outre le lever à 5 h 30, il fallait parcourir plus de 600 km et animer deux réunions très « rugueuses » dans la même journée. À l'époque, j'étais fumeur et tentais d'arrêter le tabac avec des patches. Comme la tension nerveuse était forte ces jours-là, je fumais évidemment en parallèle. Je me souviens des crampes dans le mollet à force de jouer sur l'accélérateur lors de ces conduites intersites effrénées et d'un autre temps…

Le processus de démarrage qui durait de six à neuf mois, avait pour but de « greffer » progressivement dans le monde industriel le nouveau produit développé par le bureau d'études, ce dernier « vendant » son produit, par définition bien conçu et donc supposé facile à monter, à une usine méfiante qui avait déjà fort à faire avec toutes les versions existantes. Rajouter une version supplémentaire devait pouvoir se faire bien sûr sans pénaliser le temps de cycle !

Les codes

En contrepartie une nouvelle version, si elle permettait de la conquête de marché, était l'assurance d'un volume de production supplémentaire et donc d'une rentabilité meilleure du site. Le GPL constituait une difficulté par rapport à une version classique, car il rajoutait des opérations spécifiques dans le process comme le test d'étanchéité sous caisse des tubulures de carburant, le test de coupure du remplissage du réservoir, un test routier supplémentaire, la finition des véhicules hors flux et leur réintégration pour le contrôle qualité final. Les réunions en usine se déroulaient toujours selon le même rituel, à savoir l'examen de l'avancement des spécifications des pièces, la visibilité sur l'approvisionnement des pièces prototypes (pour les pièces non spécifiées à financer sur budget de démarrage), l'avancement des CAEI*, le planning de démarrage avec le positionnement des vagues de véhicules précurseurs et de présérie, les points durs process et les résultats d'essais sur les préséries... Les intervenants, tant de la logistique centrale que du site de production se connaissaient de longue date.

CAEI : Commission d'Acceptation des Echantillons Initiaux ou validation des pièces fournisseurs.

Il fallait que ces interlocuteurs se connaissent bien car en dehors des réunions de démarrage, de nombreux coups de fils étaient passés pour avancer et arrondir les angles face aux difficultés rencontrées. Aussi des messages subliminaux fusaient dans ces réunions plénières. Ceux-ci vous échappant bien souvent... si vous n'étiez pas un familier de cette tribu.

Le site comportait toujours un « pilote démarrage » dont le rôle était d'amener les fabricants à converger sur la mise en place d'un process dédié à votre version, le moins intrusif possible et non générateur de retouches coûteuses et préjudiciables en qualité. Ce rôle n'était pas à l'époque dévolu à une personne précise dans la hiérarchie de l'usine. C'était un meneur d'hommes qui pouvait être un syndicaliste, un chef d'unité montage. Dans tous les cas une grande gueule qui avait surtout une autorité naturelle sur les hommes de terrain de tous les secteurs techniques de l'usine. Les jalons qualité majeurs se négociant avec lui chez le sous-directeur en charge des fabrications.

Ainsi les réunions de démarrage constituaient la matérialisation des rapports de forces entre les pousseurs (ceux qui faisaient avancer le projet) et les freineurs (ceux qui mettaient des bâtons dans les roues). La réussite du démarrage, c'était le reflet de votre aptitude à piloter cet équilibre, c'est-à-dire la greffe du produit dans le monde industriel, l'appropriation par l'usine du projet au moment de l'accord de fabrication. Cette difficulté, en dehors de votre management, dépendait fortement du site. Il y avait même un classement officieux des usines que tout ingénieur du groupe avait en tête, par ordre décroissant d'adaptabilité et de réceptivité aux changements des process et à l'entrée de nouveaux projets véhicules. Ce n'est pas un hasard si les usines lanternes rouges du groupe, là où comme chef de projet vous deviez éviter tout ulcère en pilotant un démarrage, ont toutes failli fermer par la suite. Exigences somptuaires, retards au démarrage, faible appropriation des managers, ont conduit progressivement certaines usines en l'espace de deux décennies, vers la perte d'activité et la non-rentabilité. Le bon réflexe c'est l'usine qui se vend, c'est-à-dire qui montre ses avantages et qui « prend » tout ce qui se présente. Comme il y a une culture d'entreprise, il y a une culture spécifique à chaque usine. Bien sûr le top management des fabricants qui y a fait carrière, a d'une certaine façon, imprimé l'esprit de l'usine.

Il arrivait que le projet diverge, c'est-à-dire que l'usine se désintéresse et se démotive, voire rejette le projet en cours de démarrage, au vu de l'accumulation des difficultés. Dans cette circonstance et comme pilote du projet, vous aviez un recours : le directeur d'usine ou son adjoint. Mais attention, l'appel au patron du site était un fusil à un coup, donc à n'utiliser que lors d'un vrai point dur et au bon moment ; soit lors d'un jalon majeur. Nombre de « démarreurs » sans expérience consolidée ont fait les frais d'un appel trop précoce au patron de l'usine ou pour résoudre un problème qui aurait pu se régler sur le terrain à un moindre niveau.

Pour les projets majeurs, c'est-à-dire à l'occasion du renouvellement des modèles du cœur de gamme, les réunions de démarrage réunissaient le gratin de la hiérarchie du Groupe, souvent d'ailleurs une bonne partie du CDR*. Elles étaient l'occasion de joutes verbales homériques, de prises de position d'autant plus fortes que les répliques étaient prononcées sur un ton calme mais très ferme, qui n'avaient rien à envier aux morceaux choisis entre Gabin et Lino Ventura. C'était du grand spectacle… Un incontournable de l'industrie automobile, car c'était là ou presque, que tout se passait. « J'vais lui faire une ordonnance et une sévère ! J'vais lui montrer qui c'est Raoul !...

CDR : Comité de Direction Renault

Les codes

Qu'est-ce que l'expérience ?

L'expérience est une lanterne que l'on s'accroche dans le dos et qui sert à éclairer un chemin déjà parcouru.

Proverbe Chinois

Prise de réunion par les patrons (1993)

« Raymond la Science » avait une prééminence tacite mais non acceptée, sur les autres directeurs de projets. N'avait-il pas été nommé par R.H. Levy comme le premier Directeur de Projet alors qu'il n'était issu que d'une école du groupe « C » ? Évidemment Raymond la Science avait le don de la communication et un talent extrême pour manipuler les assemblées. Il avait notamment instauré le concours hebdomadaire du plus mauvais fournisseur et avait réussi à faire « chialer » un chef de Projet sénior en plein amphi et ce devant 200 personnes en le déstabilisant à l'extrême.

J'ai appartenu à cette direction dirigée par Raymond la Science. Le Management de Projet qui était sa pierre angulaire, devait être capitalisé et enseigné. Raymond avait organisé sa pensée et recensé l'ensemble des documents indispensables au management de projet et les avait soigneusement peaufinés et rassemblés dans un classeur. À l'époque, les copies et l'archivage de documents s'effectuaient sur disquette. Internet n'existait pas encore. La communication s'effectuait par MEMO, par courrier interne ou par Fax. Un jour, le secrétaire technique nous fit savoir que les standards du management de projet étaient dorénavant disponibles. Il fallait s'inscrire à l'avance pour venir récupérer le sacro-Saint classeur rassemblant tous les documents ad hoc, signer nominativement une feuille attestant que nous en avions pris possession et surtout que nous nous engagions à appliquer les bonnes pratiques.

Pour nous les jeunes de la Direction nous prenions ça presque comme un jeu. En revanche les chefs de projet séniors considéraient cette manière de faire comme intrusive et très infantilisante, au point qu'ils envisageaient de boycotter cet enseignement managérial. La moindre faille dans leur pilotage de projet serait alors toute trouvée comme prétexte par Raymond pour une sanction, notamment lors des entretiens de fin d'année. Nous n'avions pas le choix. Tout manquement à l'application stricte des standards de la direction, nous exposait à des risques. Je pris rendez-vous avec le secrétaire technique, récupérais le fameux classeur et signais la feuille d'émargement.

En feuilletant tranquillement le classeur dans mon bureau, je récupérai, en la sortant de sa pochette plastique, une feuille qui allait me rendre service au quotidien. Celle-ci s'intitulait : « Prise de réunion par les patrons ». Elle se présentait comme une matrice avec d'une part des cases pour écrire les noms des participants souhaités et d'autre part des propositions de dates. Il suffisait de la remplir, de solliciter le fax autant de fois que de participants et d'attendre les réponses. En principe, au bout d'une demi-journée, vous receviez les réponses et la fameuse date de réunion possible était enfin bloquée… Je trouvais le titre un peu pompeux ; « prise de réunion par les patrons ». Je pris donc mon Tipex pour remplacer le dernier mot par ; « sur le planning du projet XX » ou

Les codes

« définition technique du projet YY » et appliquais sans retenue le fameux standard.

Raymond nous avait enseigné également que le compte rendu était comme le yaourt, doté d'une date fraîcheur. Le meilleur compte rendu est celui griffonné <u>en séance</u> et surtout signé par les participants et si possible, par les hiérarchiques majeurs de la réunion. J'usais donc de ce conseil pour diffuser dans l'heure, par fax, les fameux comptes rendus estampillés de signatures !

Au bout d'un mois de ces bonnes pratiques, je me disais que j'allais être certainement désigné comme l'un des bons soldats de l'application des standards et devrais préparer une intervention en comité de direction. Ce n'est pas exactement ce qui s'est passé : un matin, le secrétaire technique m'appelle : « Je te passe Raymond ». Et là commence un bombardement et des coups de boutoirs auxquels je ne m'attendais pas : « Mais vous n'avez rien compris ! On se donne la peine d'écrire des consignes et des standards. Ce n'est pas pour constater qu'ils ne sont pas appliqués ! Quand une feuille de réunion s'intitule : prise de réunion par les patrons, ce n'est pas le nom de la réunion qui est important mais le mot <u>Patron</u>. Lorsque vous pilotez un projet vous êtes le patron… Et la date de réunion est exigible et sans tarder ! ».

Raymond la science nous faisait ch… mais avait dans les grandes lignes, une expérience telle que ses conseils et directives n'étaient pas contestables. C'est la façon de passer le message qui était déplaisante.

Une autre situation : je fus désigné parmi trois autres collèges pour intervenir en comité de direction. Le vendredi, Raymond passa dans les bureaux et me demanda : « Qu'est-ce que vous allez nous dire lundi ? ». Je commençai ma phrase mais au vu de son regard, je compris assez rapidement que ce n'était pas ce qu'il avait envie d'entendre. Aussi j'interrompis ma phrase et la terminai par : « J'ai l'impression que c'est trop long. Je vais changer ma présentation ». Pile dans le mille ! Et Raymond de me témoigner : « Quand vous avez à obtenir une décision de R.H. Levy, vous avez une fenêtre de tir de une seconde : le temps de dire quatre mots et pas plus ! ». Je pensais au film Brazil de G. Killian lorsque des dizaines de subalternes courent dans des couloirs interminables les mains remplies de feuilles en les agitant en l'air. Je refis ma présentation en remplaçant les slides et tableaux savamment documentés par 3 dessins. J'ai su, après la présentation, que c'était ce qu'il fallait faire. Le message était passé…

Les codes

Dialogue avec Simona, responsable R.H. des missionnaires à l'usine de REVOZ.

— Bonjour Philippe. Ca va bien ?

— Non, lui dis-je en me tenant la tête, car je venais d'apprendre que j'étais astreint à une nouvelle réunion hebdomadaire. J'ai la réunionite aigüe !

Simona m'emmena alors jusqu'à l'infirmerie située au bout de l'usine. Elle m'en voulut pendant deux jours après cette mauvaise blague.

Le bon planning (2007)

Nous avions besoin d'une position neutre entre Renault et Nissan, sur tous les sujets techniques du projet de la première usine commune de l'alliance à Chennai. Nous avions fait appel à Technip, comme interlocuteur « neutre » ,pour faire converger les spécifications industrielles de chaque constructeur. Le planning était également une donnée à communaliser. L'homme planning de Technip était une personne affable, calme, qui entamait, avant sa retraite, la dernière année d'une carrière bien remplie dans le secteur pétrolier. Je lui demandai conseil à propos des plannings de réalisation des installations générales de tôlerie. Je voulais savoir ce que Nissan, qui était déjà dans la place, avait avancé. Monsieur Technip me montra sa méthodologie. Une feuille A4 pour chaque bâtiment en figurant sur 3 semaines glissantes, la localisation dans chaque atelier, des activités des entreprises mobilisées sur le chantier. Il me précisa qu'une fois les travaux en cours, on ajoute sur cette feuille une photo prise aux 4 coins du bâtiment. Le planning est ainsi diffusé toutes les semaines à ceux qui en font la demande.

Ce qui me séduisait, c'était la concision de l'information, à la fois pour le reporting d'activité auprès des chefs et pour les consignes à passer auprès des entreprises indiennes intervenant sur le chantier. Je conservais dans mon PC un exemplaire d'un tel planning et gardais en tête qu'il était le fruit d'une carrière entière de pratique de terrain dans une entreprise qui n'avait rien à prouver.

Trois ans après, j'ai piloté un projet d'aménagement d'une tôlerie manuelle de 11 000 m2 en lieu et place d'un bâtiment logistique. Outre le délai extrêmement tendu pour mettre en place cette tôlerie, soit douze semaines, il fallait, dans le même temps, déloger la logistique qui l'occupait avec ses palettiers pleins de marchandises jusqu'à 7 mètres de haut ! Une lutte homérique s'engagea. Une grille amovible matérialisa la frontière entre le terrain de la logistique et notre chantier. Cette grille poumonait , c'est-à-dire avançait et reculait au fur et à mesure que notre échéance se rapprochait. Monsieur logistique reprenait du terrain pendant les week-ends. Je sus-bien après que les surfaces que la direction de l'usine lui avait promises n'existaient pas…

Je me remémorai le planning de Technip. Celui-ci s'avéra fort utile pour piloter les réunions de chantier avec les entreprises locales roumaines dont les responsables de coordination ne parlaient que le roumain. Le planning glissant sur trois semaines faisait merveille. Pas besoin de s'étendre en palabres. Seules les dates et la quantité de matériel à installer importaient et étaient sujettes à débat. Lorsqu'il y avait un aléa, nous en prenions la photo en l'ajoutant au planning et en localisant la prise de vue, préalablement à sa diffusion hebdomadaire aux responsables de l'usine et au Siège.

Le bureau d'études local du process tôlerie était managé par un expatrié français qui voulait y inculquer les bonnes pratiques et les standards du Corporate. Il chargea l'un des membres de mon équipe alloué au projet, de réaliser un planning de toute l'activité du chantier sous Ms Project. Je me rappelle qu'il mit trois mois à le construire. Il comportait une centaine de lignes sur un format A0. Je m'imaginais balayer toutes ces lignes en anglais ou avec le peu de roumain que je connaissais pour animer la réunion hebdomadaire de chantier. Ce n'était pas matériellement possible. Les chefs du site m'assuraient cependant que le démarrage du projet DUSTER avait été piloté de la sorte.

Je bâtis, dans le domaine d'activité de chaque membre de l'équipe, un planning sommaire d'une vingtaine de lignes tout au plus. Je m'assurai que chacun s'appropriait l'outil au fil des semaines, au besoin en simplifiant. Monsieur Ms Project ronchonnait bien sûr, ce qui était compréhensible compte tenu du temps qu'il y avait consacré. Lors de l'arrêt de production et juste avant la reprise, mon responsable hiérarchique, Bertrand G. vint sur site pour évaluer l'avancée des travaux et surtout pour se faire une idée du pronostic de reprise de production en temps et en heure. Nous fîmes ensemble la visite du chantier. Les travaux étaient conséquents. J'encaissai çà et là quelques remarques à propos du non-respect strict des consignes de sécurité et surtout une critique assez vive, sur l'absence de panneaux d'informations par entreprise, de la nature des travaux, du nom du chef de travaux, un peu à la manière des panneaux de permis de construire affichés sur les chantiers bâtiment. À la fin de la visite, Bertrand C. demanda une entrevue avec un responsable de l'usine. Nous nous rendîmes au bâtiment Direction en croisant d'autres chantiers, tous plus impressionnants les uns que les autres. Dans mon for intérieur, je me demandais comment certaines installations complètement démontées au sol, pourraient être en état de fonctionner dans les deux jours qui nous séparaient du redémarrage de l'usine. Mais après tout, c'étaient les affres de mes collègues. Chacun sa m… Pour conjurer le sort, nous fîmes tous ensemble une randonnée dans les monts Fagaras, la veille de la reprise…

Bernard S. nous reçûmes Bertrand C. et moi. Il indiqua d'emblée qu'il était au courant que certains aspects du chantier ne respectaient pas les standards à la lettre, mais qu'il était informé en temps réel des aléas et de leur nature précise. Il affirma qu'il était confiant sur l'issue de ces travaux. Je fus bien sûr sensible à ce qu'il prit ma défense. Il en profita pour poser deux questions qui concernaient Bertrand C.. « Pourquoi as-tu émis un avis défavorable sur l'investissement des 300 postes à soudure dont nous avons besoin ? Tu sais que les postes que nous avons ont fonctionné trois fois plus longtemps que leur durée de vie ! Certains ont pratiquement vingt ans ! On ne peut raisonnablement aller au-delà. Je compte sur toi pour formuler un avis favorable, par ailleurs éclairé par ta visite de terrain. Tout ce chantier futur

Les codes

dont Philippe m'a parlé dans la tôlerie, avec des surfaces process considérables. On me dit que c'est comme Nissan. Peut-être mais comment ça marche ? Nous n'avons aucune donnée sur les modes de fonctionnement (et pour cause le processus était en cours de rédaction). Tu es au courant que nous allons automatiser les flux avec SIPTOL* ? Donc il nous faut une parfaite maîtrise du fonctionnement pour mettre en place l'automatisation. Je compte sur toi. Tu vois, tu n'es pas venu pour rien ! » Ceci dit, j'ai reçu deux jours après, un mail élogieux et encourageant de Bertrand C. Il fut nommé trois ans plus tard pilote industriel du Projet Chine. Quelle ne fut pas ma surprise de recevoir, via mes collègues sur site, les plannings sur format A4 avec les photos aux 4 coins… dûment estampillés par un certain Bertrand... La transgression cela peut faire progresser si l'on prend la peine d'être curieux et d'observer le terrain ! Aujourd'hui on se base un peu trop facilement sur le benchmark des pratiques des autres, sans les avoir constatées et surtout bien comprises pour les avoir pratiquées.

SIPTOL : outil informatique de programmation en synchrone des flux en tôlerie*

Les codes

"Renault is the King of the Modif"

T. Sawada PDG de Nissan lors de la création de l'alliance 2000

La qualité totale : « The totôle quality » (1998)

Un paradigme, la qualité totale, a pénétré le milieu industriel français à la fin des années 80. Auparavant, dans les années 70, on parlait de « cercles qualité ». L'origine vient du Japon.

La qualité totale était une doctrine managériale. Aussi tous les cadres de Renault ont été sensibilisés par des formations ad hoc et par les rendez-vous de la qualité, consistant en la diffusion de cassettes portant sur certains témoignages internes de type « success story » et d' historiques exemplaires de gestion de la qualité et du management par des grands patrons du début du siècle.

L'origine de la prise en compte de la qualité des produits vient de R.H. Levy, qui en succédant à G.Besse, avait une image dévalorisée de la qualité des produits Renault. La première visite d'usine de R.H. Lévy fut à Sandouville, usine productrice de la R25. En préambule et devant toute la hiérarchie du site, R.H. Levy polytechnicien, s'adressa à M. Gornet patron de l'usine également polytechnicien, en lui tendant ses clefs de voiture. « Voilà, je vous la laisse. Elle est tout le temps en panne ! »

Les codes

R.H. Levy a vraiment agi sur la qualité des voitures Renault et à juste titre. C'était une de ses obsessions. Un Directeur Qualité fut nommé : Pierre Jocou. Un homme profondément humain qui avait beaucoup de difficultés morales à gérer l'antagonisme entre la qualité du produit attendue et les sanctions à prononcer aux jalons, c'est-à-dire bien souvent le report de la fabrication ou de commercialisation. Pierre Jocou avait effectivement carte blanche pour décider de la poursuite ou de l'arrêt temporaire du déroulement d'un projet. Son image, soulevant discrètement les persiennes de son bureau, était placardée partout dans l'entreprise avec un slogan explicite : « Le pouvoir de dire non ».

Renault commanda des enquêtes régulières Estel, Sofres pour recueillir de façon impartiale, l'avis des clients et en conséquence, pour mesurer objectivement le niveau de qualité des produits , ainsi que leur évolution. Ceci permettait de quantifier l'effet de mesures d'amélioration de la politique qualité, qu'elles soient de type managériales ou qu'elles soient liées à la modification du produit.

R.H. Levy était persuadé que pour lutter contre la concurrence japonaise, il fallait atteindre le niveau de qualité des Japonais.

Un jour, intervint au cours d'une convention annuelle d'entreprise, un homme rondouillard, content de lui, avec un sourire jusqu'aux oreilles, bronzé été comme hiver. C'était le Gourou. Le maître de la secte, jouissant d'un statut à part et ayant toute l'attention et la protection du PDG.

Sa mission consistait à effectuer six fois par an, une sorte de tourisme industriel au Japon afin de collecter les bonnes pratiques du pays, source de la qualité totale, et de rapporter au patron ce qu'il avait vu.

Je découvris son antre quelques années plus tard, à l'écart de tout, avec ses quatre assistantes, les unes pour les rendez-vous et comptes rendus et les autres pour préparer sa mission suivante. Un poste en Or. Je ne dis pas ça que pour les assistantes. Qu'il est bon d'être en phase avec les paradigmes du moment, béni et protégé de Dieu…

Plus tard lorsque L. Schweitzer prit la présidence de Renault, c'est en digne successeur qu'il saisit le témoin et perpétua le rituel lors des grandes assemblées du groupe en commençant par : « the totôle quality ».

Le concept n'a plus cours aujourd'hui, non seulement chez Renault, mais aussi ailleurs. C'est la preuve que cette théorie managériale ne s'est pas vérifiée, par manque d'adéquation avec notre culture occidentale. N'était-ce pas finalement une imposture bien arrangeante pour le management :

Le terme « totale », dans la qualité totale, signifiait que l'on pouvait maîtriser simultanément les délais de développement, le budget et la qualité des projets. Avec le recul, ces trois pierres angulaires n'ont jamais été considérées avec la même importance et en synchronisme, par les patrons successifs de l'entreprise :

Pour R.H. Levy les priorités étaient le respect de la qualité et du planning. Les coûts constituaient une variable d'ajustement même si les comptes de l'entreprise ont été considérablement assainis sous sa présidence. La qualité de la gamme a été significativement améliorée et cela a permis entre autres de pénétrer le marché allemand plus exigeant, avec la R19, puis l'Europe de l'Est par notoriété.

L. Schweitzer a plutôt mis l'accent sur la qualité d'aspect du véhicule neuf et sur le contenu en innovations (cf : Mes années Renault). La durabilité n'était pas le facteur essentiel. L'absence de maîtrise des coûts constatée à l'époque dans la branche automobile a justifié l'embauche de C. Ghosn comme « cost killer » et plus tard celle de J.-L. Ricaud pour remettre la qualité au rendez-vous, après une succession de nominations malheureuses de directeurs de la qualité, comme poste de fin de carrière ou de second poste ou encore de poste de transition. La pression des coûts , la volonté de mettre de l'innovation à tout prix sans parfois engager les validations suffisantes, a donné de Renault une image très détériorée en qualité lors de la sortie de la gamme supérieure (LAGUNA 2, ESPACE et VELSATIS). Cette situation a laissé un traumatisme dans l'entreprise et les promoteurs des innovations ont été les fusibles de cette expérience, entre autres à cause de leur performance à vendre et à maintenir dans la définition des produits le maximum de nouveautés parfois mal maîtrisées.

Le contrecoup a été positif avec la gamme LOGAN qui ne contenait délibérément aucune innovation produit, mais uniquement des solutions simples, fiables et éprouvées. Renault a beaucoup appris de LOGAN, dont le profil d'utilisation dans les pays émergents, était différent du profil autoroutier d'Europe occidentale. LOGAN a permis ainsi de mettre au bon niveau de durabilité, un ensemble de composants transversaux, spécifiés sur toute la gamme, y compris sur la gamme haute.

Sous C. Ghosn la priorité était la rentabilité de l'entreprise, donc la maîtrise des coûts des produits et de la marge opérationnelle. Il n'était pas rare que certains projets fussent décalés de 3 mois, de 6 mois, voire d'un an de telle sorte que cette marge soit toujours supérieure à celle qui avait été annoncée un an auparavant, afin de rassurer les marchés et les actionnaires.

Dans les années 2010 la fonction qualité, obstacle à la dérive positive des coûts a vu son poids hiérarchique rétrograder, jusqu'au niveau N-3 par rapport au président, comme d'ailleurs tout le secteur essais, chargé d'évaluer la qualité des prestations client des projets en cours de développement. Le contre-pouvoir était en quelque sorte fortement atténué dans son influence. L'autoroute de la maîtrise des coûts sans entrave était enfin ouverte. En 2015 il est apparu que la qualité des produits Renault s'était à nouveau dégradée et à l'occasion du renouvellement de la gamme haute, C. Ghosn nomma un Directeur qualité qui lui rendait compte directement et siégeait au comité exécutif ainsi qu'un directeur adjoint… Vraisemblablement de par l'ampleur de la tâche restant à accomplir.

À l'aune des faits sur une période de vingt ans, force est de constater que nos managers ont eu des politiques très différentes en matière de qualité. Le dogme ne se vérifie jamais*. CQFD.« C'est dommage. Qu'est-ce qu'elles étaient bien ces cassettes des rendez-vous de la qualité ! »

Les codes

À méditer aujourd'hui au vu de la quantité de doctrines économiques auxquelles sont soumises les entreprises pour faire face aux enjeux exacerbés. Le dogme est toujours introduit avec force et volontarisme parce qu'il est un outil bien arrangeant du management pour imposer des mesures en rupture avec les processus établis. La malhonnêteté intellectuelle réside parfois dans son obligation d'application même si la démonstration préalable de son efficacité n'est pas prouvée. Pour gagner du temps, on parle de « benchmark » : Si d'autres le font c'est que c'est bien. Manque de temps pour analyser correctement l'expérience des autres, manque aussi d'une vraie responsabilité des managers qui changent de poste de plus en plus rapidement et n'assument pas ce qu'ils ont semé. C'est le jeu.

Les fictions politiques , cours de P. Boucheron au Collège de France , 2017

Les codes

A propos de la nécessité de mise en place d'un mur qualité sur certaines pièces locales :

"La sensibilisation romanesc non (bla bla bla) , la sensibilisation ENERGETIQUE oui !

Suivant , »

S.V. Pitesti 2006

Le « lié teinte » (1994)

Cette expression signifie l'obtention de la même teinte entre les différentes pièces de la carrosserie, quelles qu'en soient leur provenance et leur matière. Lors du développement d'une version dérivée avec un carrossier, parce que la définition du produit n'était pas réalisable en usine, j'ai eu l'occasion de constater à quel point l'acuité visuelle des « quotateurs » qualité était développée pour valider cette notion de lié teinte.

L'application pratique consistait pour moi à transformer une berline 4 portes, en une version société haut de gamme avec des boucliers ton caisse (une première sur des véhicules société à l'époque), des médaillons en tôle peinte à la place des vitres arrière et des moulages ton caisse en lieu et place des poignées de portes arrière. L'exercice se résumait à faire d'une berline normale, un véhicule société tôlé, comme celles de nos grands-papas. Le carrossier devait donc produire et monter toutes ces pièces spécifiques, ton caisse.

Les codes

Pour passer un jalon qualité, Durisotti, le carrossier retenu pour cette opération, devait présenter un véhicule précurseur au service qualité de l'usine. Pour ce précurseur, la teinte blanche avait été choisie par la Qualité. J'ai appris à cette occasion que le « lié teinte » est l'opération la plus difficile à réaliser sur le blanc. Teinte banale diriez-vous ? Mais il y a blanc et blanc. Les peintres vous le confirmeront !

Le rendez-vous était pris avec l'usine pour la présentation du véhicule test. Monsieur Durisotti s'était déplacé en personne. La disponibilité de l'aire de « cotation » tardait, l'assistance commençait à s'impatienter. Je pris donc les clés de la voiture et l'amenai moi-même sous les rampes d'éclairage. À ce moment, un géant surgit de son bureau en hurlant furibard « Qui est-ce qui fout le bordel dans mon atelier ? » Presque une seconde après, il poursuivit par un : « on n'amène pas dans mon atelier une bagnole bariolée de rose et donc en dehors de nos standards de qualité ! »

Interloqué, je lui demandai ce qu'il avait vu en rose sur la voiture. Il me dit alors : « toutes ces pièces, les boucliers, les médaillons », enfin toutes les pièces que le carrossier avait ajoutées.

« Viens avec la voiture à l'extérieur et mets là en plein soleil. Tu vas voir ! » Nous sortîmes tous et les yeux rivés sur le prototype, nous constatâmes alors progressivement, que certaines pièces blanches tiraient sur le rose.

Durisotti, se fit construire sans délai une « cathédrale » avec une aire de cotation identique à celle de Renault. Je dus alors transmettre maintes normes et cahiers des charges pour la réalisation de ce moyen, devenu indispensable pour travailler sérieusement avec les constructeurs automobiles. Dans le même temps, je crois me souvenir qu'il changea de fournisseur de peinture…

En vérité, je ne sais pas si l'aire de cotation y est pour beaucoup. Ce que j'ai appris, c'est qu'un cotateur qualité est capable de détecter une chiure de mouche sur une carrosserie à dix mètres !

Vingt ans plus tard, je visitais le salon de l'auto avec mon fils pendant les journées presse. Au stand Maserati, nous vîmes une superbe berline blanche dont le prix atteignait des sommets. Maserati avait dû chercher ses boucliers chez un margoulin ! Il n'était pas difficile de constater , pourtant sur une voiture de salon, que le lié teinte n'était pas au rendez-vous… La qualité d'aspect, c'est donc une notion très discutable et qui n'est en tout cas pas perçue de la même façon chez tous les constructeurs.

À la fin du projet avec Durisotti, le gérant de la société qui était également le patron de la chambre syndicale des carrossiers français, m'invita pour une sorte de réunion bilan. Il me dit au passage qu'il était dommage que ce projet ait eu lieu maintenant. Il y a un an, je vous aurais invité à prendre l'ascenseur pour descendre au fond du puits de mine et visiter les galeries ! L'adresse de Durisotti est : avenue fosse 13. Au dire de collègues qui ont vécu l'expérience, il paraît que c'est extrêmement impressionnant ! Le gérant sortit de son armoire un énorme dossier et une chemise avec quelques feuillets. Il les posa côte à côte sur son bureau et me dit de regarder par la fenêtre. Il y avait là le même produit, mais développé sur une voiture de PSA. « Ils ont commencé un peu avant vous. « Vous voyez ce gros dossier : ce sont tous les échanges de documents que j'ai eu avec Renault… Et donc avec moi ! Les feuillets, c'est la même chose avec votre concurrent ! » Je ne doutais pas un seul instant que le véhicule fini avec PSA fût certainement d'aussi bonne qualité que le nôtre.

La qualité, c'est aussi une affaire de papiers !.

Les codes

« Ce n'est pas parce que la mariée n'est pas consentante qu'il faut aller chez les p... »

L.Schweitzer 1993 lors de l'arrêt de l'alliance avec Volvo et des tentatives de rapprochement de Fiat

Chef ou responsable ? (1999)

Les véhicules GPL sont des versions dites de niche dont l'engouement, suscité par une fiscalité favorable, est cyclique. Ils sont à nouveau devenus populaires en 1995. Comme support de présentations aux médias spécialisés et pour faire du lobbying auprès des Ministères de l'Écologie et des Transports, nous procédions à la réalisation de démonstrateurs prototypes dans un atelier de carrosserie d'une filiale de Renault VI. Le lobbying ayant fonctionné, c'est-à-dire, lorsque le GPL fut défiscalisé, des clients de flottes nous ont sollicités pour livrer des versions société adaptées au GPL. La transformation d'un véhicule essence en version GPL, relativement facile à réaliser par des adaptateurs indépendants, était très répandue en Hollande, en Italie et démarrait en France. L'État a jugé nécessaire de réglementer l'activité de ces transformateurs garagistes et a légiféré en délivrant des agréments pour autoriser l'adaptation et permettre son homologation aux Services des Mines.

Malgré ces précautions, la pression du réseau commercial était forte pour ne pas se laisser déborder et se faire livrer, non pas des adaptations artisanales, mais de vraies versions montées en usine,

Les codes

bénéficiant de la garantie pleine et entière du constructeur. C. Ghosn prenait alors son poste de Directeur Général Adjoint chez Renault et voulut savoir si ce business de GPL était rentable. Une étude de coût fut réalisée sur la base de volumes de vente raisonnables et lui fut présentée. C. Ghosn ignorait à l'époque, les limites de l'outil industriel d'un constructeur automobile et la faculté des usines à absorber sans perturbation, la fabrication en chaîne de petites séries. En effet, le GPL représentait au mieux un volume de production de 60 véhicules par jour et par modèle dans des usines qui produisaient 1 800 véhicules par jour. La décision fut prise de produire en usine une gamme de 6 modèles. Une équipe minimale et autonome dédiée à ce projet fut constituée (bureau d'études, achats, essais et homologation). On m'en confia le pilotage. Fin 1997, Renault fut en mesure de proposer une gamme de cinq modèles usine et la production cumulée atteignit rapidement 200 véhicules par jour. Le potentiel industriel permettait cependant d'aller bien au-delà.

Les particularités réglementaires françaises étaient telles que nos versions GPL n'étaient pas exportables. Aussi en 1999, quand le Projet atteignit sa maturité industrielle, je contactai avec l'assistance d'A. Fayon du Secrétariat Général de Renault, le Ministère des Transports, afin d'inventorier les conditions qui permettraient de réaliser des homologations européennes de notre gamme. Les directives et règlements à satisfaire n'existant pas, il fallait passer par une procédure dite « 8-2-C », consistant à déposer un dossier d'homologation adapté, qui ferait jurisprudence auprès des États membres. Une telle proposition, pour être adoptée au niveau européen, devait être défendue par trois pays « majeurs », dont la France bien sûr, et trois pays

Les codes

« mineurs » au moins. Cela revenait à demander au Ministère des Transports, qu'il fasse du lobbying en notre faveur et pousse notre dossier pour le mettre à l'ordre du jour des réunions de réglementation de Bruxelles, dénommées « WP29 ». Cette démarche était complexe. Le Comité Français du Butane et du Propane (CFBP) proposa son aide et son entregent en dehors de nos frontières. Leurs relations et leur carnet d'adresses étaient à la hauteur de l'enjeu. Les premiers contacts avec l'Italie et le Royaume-Uni semblaient favorables. L'Allemagne était neutre. Restaient les petits pays attachés à leurs adaptations locales à convaincre. Cependant l'évolution de la réglementation Européenne en 2000 , interdisait avec l'OBD*, toute possibilité d'adaptation GPL en après-vente. Seul le constructeur serait en mesure de concevoir et d'industrialiser des versions GPL compatibles avec l'OBD. La Hollande, qui était avec l'Italie le principal pays équipementier, était très concernée. Une commission sénatoriale fut organisée à La Haye. Renault, par l'entremise du CFBP, fut invité à donner son point de vue, comme industriel et leader du marché en France. Il s'agissait d'effectuer une communication à La Haye en présentant la position de Renault comme constructeur de versions GPL usine, en comparaison à celle de concurrents, agréant et commercialisant des adaptations après-vente, comme le faisait PSA par exemple. Fallait-il poursuivre la filière de transformation par des installateurs GPL agréés ou au contraire, généraliser la production usine, en sauvegardant cependant le secteur des fournisseurs d'équipements ? J'informai le Secrétariat Général de la Direction Technique de cette demande. La communication était bien sûr à effectuer en anglais. À cette époque, le Secrétariat Technique avait

Les codes

déjà fort à faire avec les politiques français, D. Voynet et consorts. Une communication hors des frontières et en anglais ? « M. Malgrat, faites-nous une proposition. Nous validerons et vous ferons savoir qui participera. »

OBD :On Board Diagnosis. Il s'agit d'un mouchard installé en base sur chaque véhicule, chargé de contrôler le bon fonctionnement du système de dépollution du moteur et de signaler les anomalies éventuelles par un voyant.*

En cette fin des années 90, peu de directeurs et de personnes de la communication maîtrisaient l'anglais. Une intervention hors frontières n'était pas valorisante pour une promotion future. Aussi ma maquette de présentation fut validée à quelques virgules près et je fus désigné, pour représenter Renault à La Haye.

Nous nous rendîmes à Den Haag* en voiture avec le Directeur du CFBP. J'affrontai les échangeurs multiples de Rotterdam, sentant que résidait là un des cœurs de l'Europe. Den Haag m'apparaissait comme un mélange de Deauville en plus cossu et de Monaco, tant les bâtisses illuminées qui longeaient les avenues menant à la côte étaient immenses et respiraient la prospérité.

L'Hôtel juché en bord de plage, but ultime de notre périple, ne dépareillait pas. Un voiturier gara ma LAGUNA GPL.

Den Haag :La Haye en néerlandais*

Monsieur CFBP m'aperçut et m'informa que j'étais invité avec lui par le responsable de la commission. Il voulait connaître à l'avance le message dont j'étais le porteur. Nous nous réunîmes autour d'un râble de lièvre inoubliable…

Les codes

Le lendemain, lorsque mon tour vint, j'exposai au nom de Renault, notre démarche technique, nos résultats commerciaux et les freins que nous déplorions pour commercialiser en dehors de nos frontières. Je conclus que ce que nous avions accompli jusqu'à présent n'était qu'une tentative, un rêve qui butait sur des considérations d'homologation, pas encore au diapason européen. Quand j'eus terminé et descendis de l'estrade, plusieurs personnes me tendirent leur carte de visite en me proposant leur aide et leur concours pour obtenir gain de cause à Bruxelles.

De retour en France, nous testâmes sur l'autoroute avec Monsieur CFBP, à peu près toutes les variantes de pistolets de remplissage de carburant. Les stations TOTAL disposaient du meilleur pistolet GPL. Elles eurent notre suffrage !

Le Ministère des Transports et L'arrêt de production des véhicules GPL (1999)

Le quota des pays européens en faveur du GPL était atteint : France, Italie et Grande-Bretagne pour les pays majeurs, neutralité de l'Allemagne et accord de la Hollande qui était potentiellement un adversaire. Nous prîmes rendez-vous à nouveau avec le Ministère des Transports, à l'Arche de La Défense, pour leur faire part des résultats de nos démarches.

Monsieur Ministère ne fut pas aussi enthousiaste qu'à l'accoutumée, prétextant d'autres dossiers urgents à présenter à Bruxelles. I. Guérin du CFBP nous avait informés juste avant notre entrevue, que la France n'avait pas mis notre dossier à

Les codes

l'ordre du jour, pour la dernière session du WP29 de l'année 1999. Cela voulait dire que nous prenions une année de retard sur notre ambition d'homologation européenne. Le Ministère nous questionna sur la conformité de notre dossier avec le règlement R67. Nous lui assurâmes qu'il l'était. « Attention fit-il, les composants mais également le véhicule complet doivent être conformes ». A. Fayon en charge de la prospective sur la réglementation, jugea cette remarque curieuse. En l'état, le dossier d'homologation ne pouvait être conforme qu'à la réglementation française. André me recommanda de retourner les voir avec G. Tcherbatcheff, plus connu au Ministère. Cela aurait plus de poids et ils devraient ainsi dévoiler leurs batteries. « N'oublies-pas que tous ces gens du ministère ne sont là que pour protéger leur ministre ! Il peut y avoir des tensions : d'un côté la pression du ministère de l'écologie et de l'autre celle du ministère de l'intérieur qui freine depuis les incidents de Lyon avec les pompiers. G. Tcherbatcheff pourra appeler Gauvin », le délégué à la sécurité routière de l'époque. Georges n'était pas très optimiste. « On va tirer l'affaire au clair avec Gauvin. » Ce n'est pas le délégué qui nous reçut cette fois-là, mais son aide de camp, l'homme récalcitrant. Celui-ci nous annonça tout de go, que non seulement la France ne discuterait pas du GPL à Bruxelles, mais que notre production usine ne serait plus conforme d'ici trois semaines ! La France adoptant le règlement R67 au 1er janvier 2000. « D'ailleurs, votre concurrent PSA vient d'arrêter la production ! »

Douche froide. Je me voyais actionner « l'arrêt coup de poing » en téléphonant à chaque directeur d'usine, pour leur demander d'arrêter sur l'heure la production. PSA avait une production très marginale et ne considérait pas le GPL d'un bon œil. Cela portait ombrage au Diesel.

Le Ministère avait cédé au lobbying de PSA ! Je demandai alors, si l'UTAC et les Mines étaient prêts pour une mise à jour rapide de l'homologation de notre gamme. Il n'en savait rien. Le Ministère avait décidé de changer la réglementation unilatéralement, sans avoir réfléchi à une solution intermédiaire et sans consultation préalable des constructeurs.

Au retour, je contactai A. Cabanes, mon directeur hiérarchique. Je lui annonçai qu'il fallait tout arrêter et que j'allais appeler les directeurs d'usine. Il se chargea d'en informer la Direction Commerciale. Je pris trois jours de congé pour me remettre de ce coup fatal, fruit du cynisme des politiques dont je me jurai de ne plus approcher de ma vie…

L'UTAC prit environ trois mois pour mettre au point les nouvelles procédures d'homologation des composants GPL. La réhomologation des véhicules nécessita deux mois supplémentaires. Ainsi, par décision du Ministère, nous nous sommes retrouvés avec un trou d'offre de cinq mois ! Le Commerce était écœuré. Les clients revenaient néanmoins petit à petit car le GPL restait défiscalisé et donc attractif.

Deux ans après, je rencontrai une collègue à la pompe des véhicules d'entreprise de Renault au Technocentre. Elle venait de se faire affecter une CLIO GPL et c'était son premier plein. Je lui portai assistance et ne pus m'empêcher de lui conter mon implication dans le GPL, en contemplant cette CLIO avec la nostalgie de la grande époque.

Les codes

Moralité : ce que l'État crée par une fiscalité favorable, il peut l'annuler à tout moment, d'autorité. Il n'a que faire des aménagements pratiques inhérents à la création, par effet d'aubaine, ou à la destruction de ces marchés. L'État c'est la loi et la fiscalité, mais uniquement la loi et la fiscalité…

Les codes

« Il est quelquefois préférable de ne pas savoir ce qu'on dit que de dire ce qu'on ne sait pas »

Pierre Dac

Les fournisseurs et les achats (1990 à 2010)

La fonction d'achat est indissociable de la fonction d'étude. Elle est essentielle à l'aboutissement d'un projet automobile. Au moins 70% de la valeur d'un véhicule est constituée de composants achetés. Une voiture est un assemblage d'environ 5 000 pièces classées en POE (Pièces Ouvrées Extérieures, c'est-à-dire les pièces achetées) ainsi qu'en POU (Pièces Ouvrées Usine, soit celles que le constructeur fabrique). Cela donne une idée du nombre de transactions à conclure avec les fournisseurs.

Il y a trente ans, le rapport de forces entre les fournisseurs et les constructeurs automobiles était clairement en faveur de ces derniers. Les constructeurs nationaux s'approvision- naient auprès d'équipementiers français en majorité, dont les sièges sociaux étaient situés pour des raisons historiques à proximité de Boulogne-Billancourt ou de La Garenne-Colombes. La méfiance réciproque était courante. Les rapports de confiance étaient rares ou ponctuels et conduisaient bien souvent les constructeurs à outiller les pièces chez plusieurs fournisseurs à la fois pour les modèles à fort volume de vente. Ainsi par exemple, au gré de la conjoncture, on choisissait de répartir le volume des vitrages entre Saint-Gobain et PPG Boussois. Les rapports étaient féodaux. Pour

Les codes

les illustrer, je me souviens du retour d'expérience d'Yves Dubreil à propos de la TWINGO. « Pour négocier avec Valeo j'ai procédé ainsi : j'ai ouvert mon portefeuille devant Noël Coutard (PDG de Valeo) et ai sorti un billet de cent francs en le posant sur son bureau. C'est mon dernier prix pour ce que je considère comme la valeur raisonnable d'un groupe de chauffage d'un véhicule d'entrée de gamme ». Pour les composants majeurs, les patrons de projets n'hésitaient pas à se rendre directement chez les équipementiers pour ferrailler, en court-circuitant les acheteurs qui étaient chargés derrière, de recoller les morceaux tant bien que mal. La stratégie fournisseur était réduite bien souvent à des affrontements. Lorsque l'on ne s'entendait plus avec Paul, on basculait chez Pierre la totalité des pièces du projet suivant. Immanquablement cinq ans après, les relations, au départ vantées avec le nouveau fournisseur, tournaient à l'orage pour le moindre prétexte et l'on revenait vers le fournisseur initial. Il y eut beaucoup d'explications en amphi, arguant de ces retournements de situation, fruits de l'humeur de nos Directeurs de Projets. Il y eut cependant dans les années 90, parmi ces duels en armure, une vraie action stratégique et utile menée par G. Detourbet, à l'époque Directeur de la Mécanique :

Les motorisations Diesel furent plébiscitées lors de la généralisation de l'injection directe haute pression. La réduction significative du bruit et de la consommation furent unanimement plébiscitées par les consommateurs. Aussi les ventes de Diesels en Europe s'accrurent très vite et la pénurie d' injecteurs et de pompes haute pression s'installa. Bosch qui avait un monopole de cette technologie jouait de chance et de pouvoir en l'exploitant jusqu'à la corde tant au niveau des tarifs que des quotas attribués aux constructeurs. Renault ne pouvait fournir les quantités requises pour sa propre gamme ainsi que pour celles de ses clients. La technologie de l'injection directe avait été développée à l'origine par le centre de recherche de Fiat qui en fut le véritable inventeur. Celui-ci céda une licence d'exploitation à Bosch avec l'accord de sa maison mère, afin d'assurer l'autofinancement de ses activités de recherches. G. Detourbet fit acquérir une autre licence par Rotodiesel, un concurrent français de taille modeste en comparaison avec Bosch. Quelques années plus tard, Renault disposa d'une fourniture alternative exclusive qui permit d'éliminer la pénurie et de poursuivre le succès de la gamme MEGANE et SCENIC de Renault.

Mais comment négociait-on les prix avec les fournisseurs dans les années 90 ? C'est une étape sur laquelle beaucoup fantasment. Je témoigne ici d'une situation vécue en 1996 qui s'est traduite par une issue favorable.

Le GPL « usine » finit par avoir plus de succès que ce que le commerce avait avancé dans ses prévisions. Nous constations en ce début d'automne 96 que les volumes de ventes se situaient bien au-delà des prévisions du marketing. Le fournisseur Vialle des composants moteurs venait de subir une crise qualité. Un diagnostic de la défaillance fut établi rapidement et simultanément par les analystes des usines de montage concernées comme Douai, Sandouville et Maubeuge : une évolution technique du détendeur apparemment anodine et à la seule initiative de Vialle, était responsable de calages moteurs en démarrage à froid. Elle ne nous avait pas été signalée. Cela constituait une deuxième raison avec la hausse des volumes, pour escompter une baisse des prix pièces.

Les codes

Je contactai Euménio Garcia Sanchez, responsable des achats GPL à ce sujet. Euménio avait comme nous tous des objectifs de réduction des coûts. Il confirma le contexte favorable de la situation pour entamer une négociation. Le salon de l'auto approchait. Nous avions reçu un carton d'invitation de Vialle. Nous nous rendîmes au salon et c'est non sans mal que nous trouvâmes leur stand dans le bâtiment des bus et transports en commun. Monsieur Simon, notre correspondant technico-commercial nous accueillit avec un sourire jusqu'aux oreilles et nous fit asseoir en aparté en nous présentant au PDG de Vialle. En levant sa coupe, il feint de s'étonner de nos difficultés pour localiser son stand. « Vous avez dû remarquer que nous ne sommes plus implantés dans l'environnement des équipementiers automobiles. Ce marché ne nous intéresse plus. Nous visons maintenant celui des bus, beaucoup plus porteur et surtout plus rémunérateur ! » Euménio de rire sous cape, de me décocher un coup de coude et de me dire à voix basse : « Il a compris que nous venions négocier ». « Vous savez, nous précisa M. Simon, Vialle est le concepteur du meilleur détendeur du monde. On le vend même aux États-Unis ! » Euménio de répondre : « vous me l'écrivez s'il vous plaît dans votre proposition commerciale : Vialle com-   merce-ialise-le-meil-leur-dét-tendeur-du monde. Vous n'êtes pas sans savoir que cette technologie sera obsolète dans deux à trois ans lorsque l'injection multipoint sera généralisée ! ». Monsieur Simon s'approcha pour nous confier les derniers développements de Vialle. « Nous travaillons bien entendu sur un concept d'injection multipoint de GPL liquide. Si vous voulez, nous pouvons équiper pour essais un de vos véhicules ». Cela constituait un excellent prétexte pour une future mission de négociation à Breda, lieu de leur siège social.

Nous nous préparâmes en réunissant les données chiffrées d'incidentologie constatées dans le réseau ainsi que les prévisions de volumes pour les trois prochains mois. Celles-ci devenaient de plus en plus favorables. Sur site, nous visitâmes les ateliers de fabrication ainsi que la partie logistique. Il était 15 heures et Euménio regarda sa montre. « Je m'étonne qu'il n'y ait personne dans vos locaux à cette heure-ci. Vous ne connaissez pas le travail en deux équipes ? Toute cette marchandise immobilisée et non livrée ! Il y a chez vous de grands potentiels de réduction de vos frais fixes ». Et ainsi de suite durant toute la visite. La réunion de négociation démarra dans la foulée. Celle-ci se déroula en présence du PDG qui ne parlait que le hollandais. Aussi Monsieur Simon s'adressait alternativement soit vers son patron en hollandais, soit vers nous en anglais. La discussion s'éternisait et j'avoue qu'au bout de deux heures je décrochais un peu. Nos correspondants n'en menaient pas large non plus. Enfin Monsieur Simon commit l'erreur de se tromper de langue en s'adressant à son PDG. Il lui exposa en anglais sa stratégie, c'est-à-dire comment il allait récupérer sa mise en affichant facialement une baisse des prix de certains composants majeurs mais en augmentant le chiffre d'affaires en jouant sur une évolution de la nomenclature des pièces qui seraient livrées à Renault. En se tournant vers nous il commença sa réponse en hollandais… Et s'aperçut de son erreur. Euménio de le ferrer. « Monsieur Simon, faites vos calculs et envoyez-moi votre nouvelle proposition la semaine prochaine ! » Nous nous levâmes dans la foulée pour en venir aux poignées de main. La négociation était terminée…

Les codes

À la fin des années 90, on nous inculqua que dorénavant le fournisseur devait être considéré comme un Partenaire, à la manière de ce que pratiquent les constructeurs allemands et japonais, leaders dans ce domaine. Le benchmark dans ces pays n'avait pas été au fond des choses et l'on ne savait pas derrière cette affirmation, ce qui différenciait la relation client fournisseur en France de celle en vigueur dans les pays où elle était un modèle. Pour cela, il fallait apprendre à établir une relation de confiance. Les achats décidèrent de réduire significativement la taille du panel de fournisseurs. Des relations suivies et consistantes ne peuvent être raisonnablement construites qu'avec un nombre d'interlocuteurs volontairement restreint. R. Savoye nous fit un exposé introductif en comité de direction et invita Paul Besançon récemment nommé MRF, c'est-à-dire Manager de la Relation Fournisseur, encore appelé « Petit Paul », à exposer quelques success story. A la question posée en séance ; en quoi consistent maintenant les contrats d'achat et qu'est-ce qui a changé ? Il répondit que la relation de confiance était telle, qu' il n'y avait, d'un côté comme de l'autre, nul besoin d'établir des contrats formels. Ben voyons !

La phase de maturité (2004)

Au début des années 2000, on mit en pratique un processus beaucoup plus systématique lors de l'internationalisation de Renault. Les premiers projets significatifs de nouvelles industrialisations à l'étranger, notamment LOGAN, obligèrent à intégrer localement la majorité des composants achetés. Un

Les codes

processus systématique de consultation par RFQ (Request For Quotation), largement pratiqué à l'international par d'autres constructeurs dont Nissan, a été mis en œuvre. Les fournisseurs durent dévoiler aux achats l'intégralité de la décomposition de leur prix de revient, incluant par exemple le coût des matières premières, de la valeur de transformation des coûts logistiques, les taxes, les amortissements et même leur marge ! Aussi, le fait de tout dévoiler leur donnait des arguments objectifs lors de renégociations : « Vous constatez que je ne peux appliquer la dérive de productivité de 3% que vous me demandez. Les coûts de matière première ont augmenté de 8% en un an ! »

Les progrès méthodologiques de la fonction achat ne furent possibles que lorsque le processus d'étude devint apte à fournir, en phase avec le calendrier de consultation, l'exhaustivité des données nécessaires à la description des pièces et sous-ensembles : soit des numérisations 3D, des plans numériques légendés en anglais, des nomenclatures précisant le poids et la nature des matières. Les équipementiers Sud-Américains, Iraniens, Indiens devinrent alors capables de répondre de façon précise aux demandes de Renault. Cette approche autorisa la constitution d'un « sourcing plan » prévisionnel c'est-à-dire de la liste des fournisseurs de pièces locales avec leurs coûts respectifs. C'est à cette seule condition qu'il fut possible de piloter par son prix de revient, avant la décision d'engagement, la rentabilité d'un projet en deuxième industrialisation.

Les codes

Les enchères japonaises (2011)

Lors d'un projet capacitaire en Roumanie j'ai réalisé une trentaine de consultations de biens d'équipements industriels, d'installations générales telles que réseaux fluides et électriques, charpentes métalliques et génie civil. Je travaillais avec les achats locaux et notamment avec Ion Tugui que j'appréciais beaucoup. Il était visible que Ion aimait son métier et était très créatif dans sa manière de négocier. Il était cependant intraitable sur la rigueur de l'alignement technique des offres, préalable aux négociations. De mon côté, je me risquais dans mes dossiers de consultation à établir des nomenclatures quantitatives ainsi qu'à une répartition des tâches imposées. L'alignement des offres en fut simplifié. Cela permit à Ion d'user et d'abuser des enchères de toutes sortes y compris de l'enchère japonaise au cours de laquelle chaque candidat enchérit contre lui-même ! Cette coopération fructueuse avec les achats me permit de remplir plus sereinement mes objectifs économiques et en tout cas beaucoup plus sûrement, vous vous en doutez, qu'avec les conseils de « Petit Paul » !

Les codes

De la nécessité pour un président de se doter d'un secrétaire technique, entre autres pour appeler ses collaborateurs. Un échange téléphonique pour l'illustrer :

— Allo ici c'est Louis Schweitzer.

— Et moi c'est la Reine d'Angleterre ! Et de raccrocher...

La chance est au rendez-vous (2010)

« Marian, prends ta roulette*, on va voir sur place si on a de la chance ou non ! » Marian était le plus compétent de l'équipe, s'agissant du process. C'était également un homme têtu, pris entre deux feux, à savoir d'un côté, les impératifs du projet que je pilotais et de l'autre, les demandes prospectives de son hiérarchique, Renaud, un jeune expatrié français. Pour le projet, il s'agissait de réaliser en 12 semaines, dans un ex-bâtiment logistique occupé, une tôlerie de 11 000 m2 pour déplacer les moyens d'assemblage de la fin de vie de la famille LOGAN. L'opération devait se dérouler lors de l'arrêt de production de l'usine. Les flux ainsi libérés, seraient modernisés de façon à accueillir les moyens industriels de la nouvelle gamme. Nous n'avions pas droit à l'erreur dans ce jeu de taquin.

roulette : terme familier désignant un mètre à enrouleur pour vérifier des dimensions sur le terrain.

C'était la première fois que nous travaillions avec une équipe mixte constituée de Roumains et de français.

Les codes

Quelques missions préalables durant l'hiver avaient permis de cadrer le projet et de nous connaître. Renaud était un jeune chef de service ambitieux et dans ce contexte, avait identifié une opportunité pour montrer les compétences de sa jeune équipe et par là, sa compétence propre en management. Il s'agissait de la ligne de ferrage. Celle-ci était, par un artifice de déplacement synchrone des caisses deux à deux, la plus performante du groupe puisqu'elle tournait à une cadence de 70 véhicules par heure. Le problème, c'était l'extrême désordre qui régnait en bord de chaîne, à cause d'une diversité d'ouvrants à stocker très importante. L'impact était sensible sur la qualité finale et sur les innombrables opérations de retouche à mener pour pallier les accrocs et dégradations nombreuses de ces ouvrants. Marian ne fut donc au départ, que marginalement impliqué sur ce nouveau ferrage. Mais au fur et à mesure de l'étude et surtout de l'intérêt qu'elle suscitait auprès des directeurs qui visitaient le site, la charge de travail associée devint de plus en plus conséquente. Le projet de la nouvelle tôlerie en pâtissait. Les demandes de modifications s'accumulaient et la machine commençait à se gripper. J'expliquais à Marian, qui obéissait plutôt à son hiérarchique, qu'il fallait traiter les tâches selon leurs priorités. Après tout, ce ferrage pouvait attendre deux mois avant que l'étude soit finalisée. J'eus une explication directe entre quatre murs avec Marian, pour lui faire comprendre l'urgence de la situation et les risques associés. La réponse de son côté fut que Renaud n'avait pas selon lui, la même perception de l'urgence que moi. « Il me semble que s'agissant du phasage et du planning, cela me regarde exclusivement et je suis le seul à en juger ! Lui répondis-je. Marian, c'est ma responsabilité ! » Nous nous quittâmes sans accord mutuel. Je sollicitai alors le directeur des études du site pour un arbitrage. Celui-ci se rangea à l'avis de Renaud. Solidarité hiérarchique oblige…

Quelques jours plus tard, je perçus quelques discussions feutrées en roumain entre Marian et les fabricants, sans y prêter attention. Les rumeurs s'intensifiaient en fréquence mais restaient officieuses. Je compris enfin qu'il s'agissait d'une erreur de positionnement de la structure porteuse de la ligne d'assemblage de la nouvelle tôlerie. Celle-ci était décalée de 50 cm par rapport à l'axe de la fosse. Marian avait dessiné tous les plans. En toute rigueur, s'il y avait confirmation de l'erreur, il en serait responsable. Il fallait couper court à ces rumeurs. La menace qui planait sur nous était une demande de modification de l'usine avec obligation pour nous de l'exécuter, qu'elles qu'en soient les conséquences. Vis-à-vis de mon rôle de manageur du projet, le risque que Marian puisse être mis en défaut devenait pour moi une opportunité pour résoudre nos différends. Nous nous rendîmes ensemble dans l'atelier afin de mesurer les largeurs des deux postes d'assemblage généraux, que nous devions déménager dans la nouvelle ligne. Je savais que les fosses avaient été dessinées avec une marge d'erreur. L'« AG » de la LOGAN était un engin d'une taille très conséquente. Il ressemblait à deux tracteurs à chenilles en vis-à-vis, avançant et reculant en cadence. Mesurer sur place la largeur maximale n'était pas sans danger et difficile à réaliser pendant la production. Marian était déjà dans la fosse avec une lampe de poche dans une main et sa roulette dans l'autre. Il me tendit l'autre extrémité. Lorsque la chenille recula au maximum, je lui annonçai le chiffre : 3,55 m ! « Je crois que c'est bon » dit Marian en sortant de la fosse. Allons mesurer l'AG du pick-up. Nous nous rendîmes sur la nouvelle ligne. Au jugé, la charpente était effectivement décalée par rapport à l'axe de la fosse. Cette charpente était finalisée et déjà équipée des réseaux fluides et électriques. Son démontage complet et son remontage prendraient au moins trois semaines. C'était inenvisageable ! Il restait alors à décaler toutes les tables process et les AG dans la fosse. Cependant la technologie de ces tables était telle que celles-ci comportaient chacune 4 crémaillères qui s'enfonçaient de pratiquement 1 mètre en dessous de leur socle. Il fallait ainsi démolir, pour chacune des tables Hartcross, 4 épargnes cylindriques creusées en fond de fosse. Le conducteur de travaux qui avait réalisé le génie civil, me précisa que pour refaire toutes les épargnes cela prendrait tout au plus une semaine, pour peu que nous en fassions la commande au plus vite avec des plans validés. Nous retournâmes au bureau et Marian sortit les plans en moins d'une heure. Le lendemain, Mircea me fit comprendre que Sile Fulga, le chef de département tôlerie voulait me voir, accompagné d'Ion Ceapa, responsable du process en vie série. Le sujet était effectivement la ligne d'assemblage et l'inquiétude résultante des fabricants au sujet du déplacement de la structure et de ses conséquences sur le planning. Je fis part de ma position en précisant qu'il y avait certes une erreur de plans, mais qu'elle n'avait aucun impact sur le planning : la structure restera en place comme prévu. Seules les épargnes dans la fosse seraient modifiées.

Les fabricants sont des personnes de sang-froid qui font face quotidiennement à des problèmes susceptibles de stopper la production. Je vis à leur regard que cette nouvelle les rassurait. Nous nous levâmes autour de la table de réunion aussi vite que nous nous étions assis. Au retour, j'indiquai à Marian que l'incident était clos. J'avais couvert Marian qui m'était redevable. Il changea d'attitude du tout au tout ! Nous nous sommes retrouvés d'ailleurs, pendant des années, au fil de projets de plus en plus complexes.

Le ballet des nacelles (2010)

C'était la fin d'un après-midi ensoleillé, juste avant l'averse de six heures. L'atelier était éclairé en contre-jour et les formes mouvantes des ouvriers se détachaient sur l'immense façade vitrée, comme les marionnettes d'un théâtre de karagueuz. Nous arrivions à la fin du chantier et comme celui-ci devait laisser place dans une semaine à l'installation du process, les achats avaient sollicité les entreprises présentes pour décupler leurs ressources. Il y avait là une douzaine d'entreprises et environ deux cents ouvriers qui œuvraient ensemble. Le soir, les nacelles étaient regroupées et bien alignées. Il y en avait au moins une vingtaine. C'était impressionnant ! Je ne pus résister au plaisir de me poster dans un coin et comme un gosse qui contemple goulûment les évolutions d'une pelleteuse de chantier, j'observai avec étonnement et ravissement le ballet des nacelles et des ouvriers. Il y avait là une densité d'activité importante. Mais au lieu de se gêner, les hommes s'entraidaient, s'escamotaient avec leurs matériels, sans mots prononcés. Il y avait comme une communion des gestes à accomplir de concert, même s'ils étaient dévolus à des entreprises concurrentes, pour l'achèvement du projet. Je perçus alors que ces compagnons travaillaient en confiance et avaient

Les codes

hâte, dans une atmosphère d'émulation, d'achever dans les délais impartis. Il y avait comme une sorte de synergie : l'effet de groupe et de coactivité, au lieu de constituer un obstacle, produisait une accélération. Il fallait dans ces moments éviter toute remise en cause ou modification dans les ouvrages à réaliser. Je ne pus m'empêcher de penser aux bâtisseurs de cathédrales qui certainement se respectaient et travaillaient en bonne intelligence pour le but commun, tout en se mouvant les uns sur les autres. Les artisans et ouvriers du bâtiment savent travailler ensemble depuis des siècles…

Je comparai cette situation, une semaine plus tard, à celle créée lorsque le process investit les lieux, déchargeant çà et là des dizaines de palettes de moyens et bien sûr sans aucun souci des travaux en cours, des risques d'entraves et de gêne des autres. Les cris advinrent, les ordres et contre-ordres. Bref, le bordel. ! Le monde de l'industrie, c'est-à-dire celui que l'on nomme des « biens d'équipement », interférait avec celui des « compagnons bâtisseurs ». La mésentente durait depuis 1850, époque du début de l'aire industrielle. Bienvenue à la bleusaille !

Les codes

« J'ai un grand respect pour la Direction de la Qualité. Aussi je ne sollicite pas le franchissement du jalon étant donné l'état de maturité du projet dans laquelle la Direction de l'Ingénierie l'a conduite... mais on ne peut pas prendre de retard. »

C. Tavares à propos du boycott du jalon qualité RO programme 2001

Une mutinerie (1993)

Nous autres européens avons beaucoup mésestimé nos différences culturelles et pensons que nous fonctionnons tous de la même façon. Ce n'est plus le cas aujourd'hui mais il y a 25 ans... L'alliance avortée avec le constructeur Volvo est là pour l'illustrer.

Le rapprochement avec Volvo en vue d'une alliance et non d'une absorption, répondait à la logique de l'époque : « Big is Beautiful ». Ce paradigme stipulait qu'à terme, il n'y aurait pas plus de quatre à cinq constructeurs automobiles dans le monde. Les constructeurs européens réputés trop petits ne pourraient survivre face à la concurrence mondiale. C'est pour cette raison que Louis Schweitzer entreprit un rapprochement avec Volvo. Nous n'étions pas frontalement concurrents sur la gamme automobile et avions des marchés complémentaires. En revanche pour ce qui concerne les poids lourds, il y avait un vrai problème d'échelle pour demeurer compétitif et nous avions intérêt à nous rapprocher. La fusion Renault Volvo dans ce domaine est restée pérenne.

R.H. Levy décréta rapidement l'engagement de projets communs dans les moteurs et dans la gamme véhicule. La SAFRANE venait de sortir. Il fallait démarrer l'avant-projet du modèle de remplacement avec Volvo. Ce projet fut dénommé « P4 ». Le « P » signifiait plateforme avec l'idée que cette nouvelle plateforme deviendrait commune pour les deux constructeurs. Il s'agissait d'un haut de gamme. Aussi les bureaux d'études se disputaient la partie du véhicule dont ils auraient la responsabilité. Volvo qui était présent sur le marché américain et dont l'image haut de gamme était non contestable, récupéra 80% de la responsabilité du développement. Cela engendra de grandes frustrations chez nos chefs de service. Il fallait absolument que Renault fasse valoir son point de vue. On nomma en conséquence des copilotes Renault qui furent intégrés dans l'équipe projet P4. À l'époque, beaucoup de chefs étaient autodidactes. La pratique de l'anglais était une gêne réelle et les réunions avec Volvo évitées par la plupart du management. Je fus ainsi nommé copilote pour Renault de la fonction confort thermique. Outre une très relative maîtrise de l'anglais, ma nomination était logique. Mon implication antérieure dans un projet commun de recherche thématique dans le domaine du confort légitimait mon rôle dans la P4. Cela impliquait concrètement des missions hebdomadaires à Göteborg pour travailler dans les bureaux d'études de notre partenaire et la visite commune de nos fournisseurs, pour globaliser nos cahiers des charges et spécifications. J'ai ainsi découvert lors d'une visite du fournisseur allemand Behr que nous étions classés parmi les constructeurs latins, au même titre que

Les codes

Fiat. Volvo était en revanche assimilé à un constructeur allemand. Nous allions de frustrations en frustrations et certains avalaient des couleuvres…

Avec le recul, j'ai trouvé ce travail commun très enrichissant. Nos façons de faire respectives étaient très différentes. La réflexion que nous avions menée dans les locaux du design à Göteborg, notamment pour concevoir la commande de climatisation, démontrait la force de la méthodologie de notre partenaire, basée exclusivement sur l'ergonomie. Contrairement à notre approche fondée sur l'atteinte du coût minimal et d'un style innovant, pas une maquette ne fut réalisée, tant que l'obtention de la meilleure ergonomie possible ne fut atteinte. La définition de cette commande devait par ailleurs obtenir notre accord. Celle-ci fut alors maquettée et je perçus que le résultat était réellement novateur par sa pertinence. Au fur et à mesure que je me rendais à Göteborg , je constatai la baisse progressive de standing du bureau de mon interlocuteur M. Lundgren. Au début, il s'agissait d'un bureau paysager avec une épaisse moquette et un bureau en bois massif. J'étais impressionné par la qualité acoustique de cet espace ouvert, dans lequel on pouvait discuter face à face, sans que nos voisins ne perçoivent la conversation. Un mois après, M. Lundgren m'accueillit dans un local mal éclairé et dont la densité de bureaux était plus conséquente. À la fin, il occupait une sorte de réduit. Son armoire et son plan de travail étaient encombrés de pièces automobiles qui initialement, devaient être soigneusement rangées dans une armoire dédiée. Il me dit à contrecœur que Volvo avait vraisemblablement un train de vie somptuaire et qu'il fallait réduire la voilure : d'où la descente en gamme de l'espace de travail.

Les codes

Au mois d'août 1993, nous eûmes un entrefilet très court lors du journal télévisé, à propos d'une avancée dans le rapprochement Renault Volvo. La communication était illustrée par une poignée de main entre G. Longuet, à l'époque Ministre de L'Industrie, Raymond H. Levy et Pehr G. Gyllenammar, PDG de Volvo. L'information majeure en France, c'était l'affaire OM-VA avec Bernard Tapie qui monopolisait 90% de l'espace médiatique. Le foot que diable, le foot ! En revanche la fameuse poignée de main eut une portée beaucoup plus retentissante chez nos amis suédois que chez nous. Celle-ci a été vécue comme une trahison. En Suède, pays du consensus, aucune décision mûrement pesée ne peut être prise au mois d'août où la plupart du personnel sont en congé. C'est impossible ! Enfin ce rapprochement avec une entreprise nationale française, béni par un ministre français signifiait tout bonnement une absorption de Volvo par Renault. Je repris mes missions hebdomadaires dès le début septembre et vis à l'aéroport de Göteborg un titre de journal explicite : « Loulou patron de VOLVO ! ». Cela s'annonçait mal. Je pris ma place comme d'habitude dans le bureau à côté de M. Lundgren. Les voisins m'évitaient. Il y avait un silence de mort dans cet espace de travail. Enfin quelqu'un vint s'asseoir en face de moi. « Mais qu'est-ce qui vous a pris ? Vous comprenez que c'est une trahison ? » Deux jours après, les cadres de Volvo se sont réunis après le travail dans un grand amphi pour échanger et définir un mode d'action, face à ce rapprochement qu'ils rejetaient. Ce que nous ignorions, c'est que Pehr Gyllenammar issu de la grande bourgeoisie suédoise, parlant plusieurs langues dont le français parfaitement, était détesté par son personnel. Il ne se rendait en effet que très rarement dans les bureaux d'études et l'usine et se retirait plutôt dans son

« mausolée », un bâtiment blanc magnifique, à l'écart, plus proche du Petit Trianon que d'un local tertiaire qui sied à une entreprise industrielle. C'est donc la trahison de leur propre patron que le personnel de Volvo déplorait, plus que la poignée de main du ministre. Cette réunion entre cadres avait lieu maintenant tous les jeudis soir. Il y avait un meneur… qui sera nommé plus tard consensuellement comme nouveau patron. Alors que L. Schweitzer tentait de nous rassurer à propos du rafraîchissement de nos relations avec le suédois, M. Lundgren m'annonça avec une voix grave au téléphone que la rupture des relations avec Renault était maintenant décidée. La mutinerie était en marche et Pehr Gyllenammar fut destitué de la présidence de Volvo AB.

Les codes

« Ce projet n'est pas managé . Il faudra que vous me convainquiez de le garder dans cette usine. Pourquoi vous ne le mettez pas à Flins ? »

Antonio De Cabo Valladolid 1998

Le projet Slovénie (2011 – 2013)

Revoz était une usine de moyenne cadence, soit de 40 véhicules par heure environ, qui industrialisait des modèles simples à fabriquer et en fin de vie tels que TWINGO et CLIO. Elle était très enclavée dans la bourgade de Novo Mesto. A l'origine, tous les ateliers, montage , peinture et tôlerie étaient rassemblés en un seul bâtiment. Réminiscence de l'ancienne usine IMV, elle avait été sauvée de la faillite par Renault, non pas seulement par apport de fonds à hauteur de 15% du capital, mais surtout par le don de vieilles installations de l'île Seguin qui ont permis à Revoz de se mettre à niveau. Le personnel de l'usine a gardé en mémoire ce sauvetage, grâce à ce vieux matériel. Elle l'entretient encore pour ce qu'il en reste, comme si c'était du neuf.

Je venais rejoindre cet avant-projet déjà initialisé depuis six mois, piloté par mon ex-chef d'unité. Il s'agissait de créer un nouveau flux d'assemblage pour industrialiser TWINGO III et SMART 4 portes et d'augmenter la cadence de l'usine jusqu'à 55 véhicules par heure. Revoz venait d'acquérir pour la circonstance, un bâtiment adjacent de plusieurs étages, de 20 000 m2, pour y installer une tôlerie neuve au dernier cri de la technique et de la flexibilité, dont je pris part.

Le process choisi était celui de Nissan, seul détenteur au sein de l'alliance, d'une solution flexible robotisée pour l'assemblage de la plateforme, des côtés de caisse et de l'assemblage général. Je récupérai auprès d'un collègue un épais catalogue de plans au format PDF, malheureusement illisibles pour leurs indications chiffrées. Une fois les plans exploitables récupérés auprès de Nissan, je constatai que le dallage du bâtiment Adria ne pouvait supporter les charges de l'assemblage général. Celles-ci, de l'ordre de 600 tonnes, étaient équivalentes à celles générées par une grosse presse transfert ! En bout de la ligne d'assemblage, était prévu un poste de mesure des cotes principales de la caisse avec quatre robots munis de senseurs laser. Ce moyen ne pouvait fonctionner sur un dallage qui vibrait comme une queue de serpent à sonnette, dès que passait un car-à-fourche !

Le bilan de ces aléas non prévus au départ et donc non budgétés, conclut à la nécessité de tronçonner le dallage sur deux niveaux, et en deux emplacements, pour trouver un terrain stable au niveau du sol. La structure standard de l'AG Nissan dépassait sur les plans, de 1,5 m du mur extérieur de la future tôlerie, à 20 mètres du sol ! Enfin la ligne d'assemblage de Nissan était jugée trop chère. On me sollicita pour copier les 44 tables TGP de la ligne en faisant fi de toute notion de propriété intellectuelle. En guise de cahier des charges, on me dit : « Ce sont les mêmes tables qu'à Tanger ». Ce qui était faux car Tanger ne disposait pas d'une ligne robotisée. Avec ces bonnes bases de départ, la routine quoi ! J'initiai des rendez-vous hebdomadaires avec Nissan en audio conférence. Je n'ai jamais compris pourquoi au bout de vingt minutes de discussion survenait un bruit assourdissant qui obligeait à interrompre les réunions. Nous nous interrogeons toujours de part et d'autre, sur la cause de cette censure subite ? Après quelques séances où nous échangions préalablement des dessins pour se faire comprendre, l'implantation de la ligne d'assemblage fut modifiée et la superstructure de l'AG réduite pour que l'ensemble puisse enfin rentrer dans le bâtiment à l'emplacement prévu. Nous avions calculé un avant-projet de structure métallique traversant toute la hauteur du bâtiment, destinée à supporter la charge de l'AG. L'ensemble faisait 22 mètres de hauteur ! Je la visualisais notamment lors de spectacles où nous nous rendions souvent au Châtelet. C'est exactement la hauteur entre la fosse d'orchestre et le dôme du plafond. Je posai la question à Nissan pour savoir s'ils avaient déjà installé un AG sur un dallage dans un bâtiment à l'étage. Le grand éclat de rire que je reçus en réponse était éloquent et n'avait pas besoin d'explication. Nous étions dans l'inconnu. La structure précalculée faisait 140 tonnes. Le bureau d'études Slovène IBE, m'annonça que l'axe de la ligne empiétait sur les fondations du bâtiment. Une structure en béton en porte-à-faux fut étudiée et réalisée avec une quantité de fers qui n'avait rien à envier à celle des blockhaus des plages de Normandie. Toutes ces péripéties me valurent le surnom de « tour infernale » qui me suivit au moins deux ans dans les couloirs du Technocentre. Comme je n'avais plus de budget pour le poste de mesures par robots laser, nous étudiâmes avec le fournisseur Perceptron, un concept « de la ménagère » basé sur un tapis absorbant, de type Bulgom, en lieu et place du perçage des dallages et d'une reprise d'assise au niveau du sol. À tout prendre, je préfère le surnom de tour infernale à celui de Bulgom. Les Japonais me nommaient « copyright » après avoir fait réaliser et installé les tables TGP de la ligne d'assemblage, duplication de leur conception par des Coréens, les meilleurs copieurs de la planète !

Lors de la mise en place des premières structures métalliques, j'observai un ballet de l'équipe de maintenance du site qui inspectait, photographiait et mesurait tout ce qui était installé. Ne recevant pas de remarques ou de commentaires, je n'y fis plus attention. Au bout de trois semaines on me demanda de participer aux comités techniques hebdomadaires du mardi, organisés par les fabricants. Je n'eus pas connaissance de l'ordre du jour du premier comité auquel je fus convoqué.

En entrant dans la salle, je découvris les dizaines « d'inspecteurs des travaux finis » qui avaient scruté tout ce qui était installé dans le bâtiment Adria, le chef de département tôlerie, son adjoint ainsi que des collègues du Projet. À l'écran, était affiché un slide où je reconnus une de mes réalisations, avec des annotations en rouge et des commentaires. Je justifiai donc les points mentionnés avec forts arguments. Le responsable de l'auditoire, non totalement convaincu, afficha le deuxième slide tout autant annoté et je découvris ainsi qu'il y avait 35 vues derrière avec des observations sur mes installations ! Par principe, l'usine, future utilisatrice, a raison de faire remonter ce qui la choque parce qu'elle en est cliente. Néanmoins, les plans lui avaient été soumis et argumentés lors de revues d'études, pour validation, et elle les avait acceptés. Mais l'usine par ses managers, ne voit que l'intérêt macroscopique des améliorations que l'on va lui apporter et n'a aucune faculté d'analyse dans les détails ni d'anticipation. L'avenir, le futur, c'est la demi-journée ! L'usine ne peut valider que ce qui est devant ses yeux, qui fonctionne et c'est lorsque cela tourne pendant plusieurs jours qu'elle se prononce : « Ça n'est pas bon il faut modifier », parfois le constat nécessite plusieurs mois de fonctionnement avant d'être sanctionné par une modification, dont il faudra côté Projet, absorber les surcoûts d'une façon ou d'une autre. C'est en cela que cette attitude de l'usine « agace » le bureau d'études et pour cette raison, l'usine est un monde qui est bien souvent évité par ceux qui l'ont côtoyé au moins une fois dans le cadre d'un projet.

C'est également un milieu qui peut attirer par ses relations directes au cours desquelles chacun apprend à se connaître et se jauge dans des situations de réalisations concrètes et difficiles. L'usine ne vous reconnaît, indépendamment de votre position hiérarchique, que sur ce que vous avez fait. Car pour opérer dans un secteur industriel, il faut composer avec la production, les opérateurs et leurs revendications, les impératifs des fabricants, le tout dans des délais courts et contraints. Cela implique de nombreux arbitrages et parfois des conflits. Ceux-ci restent dans les mémoires et on vous reconnaît le mérite de les avoir gérés, même des années plus tard. Cela contraste avec les visites éclair des chefs du Corporate, venus pour se rassurer et engranger des bribes de connaissance qui seront utilisées plus tard lors de réunions au siège pour faire la leçon aux autres…

Les codes

Celui qui est parti de rien pour arriver à pas grand-chose, n'a de merci à dire à personne.

Pierre DAC

Le business à la sauce hollandaise (1994)

J'intégrais la Direction des Coopérations Industrielles dirigée par Gérard Ravouna, dont le nom me semblait d'origine catalane. Gérard me reçut à Boulogne proche du siège. Je suis persuadé, que ma mutation dans son secteur le fut plus par mon nom, en rapprochement avec la station balnéaire « Malgrat del Mar », que par mon passé professionnel. J'eus beau expliquer que Malgrat est d'origine auvergnate, comme Chanonat, Ceyssat ou Cebazat, communes bien connues du Puy-de-Dôme. Mais le doute et la morgue espagnole l'emportèrent. J'étais un catalan qui s'ignorait…

Après la « science » et le calcul, j'abordais la relation difficile mais riche en confrontations humaines, entre la technique et le commerce au travers de projets à petite échelle, d'adaptations réalisées sur la gamme de nos véhicules utilitaires. Je me remémorai le dessin d'Yves Dubreil représentant une barrière douanière, fermée bien sûr, entre ces deux mondes qui ne se côtoient et ne se comprennent jamais. C'était exactement ça. Ce nouveau poste me passionnait par la diversité des situations et des cultures (Royaume-Uni, Suède, Hollande, Belgique, Italie, Espagne, Allemagne) auxquelles je fus confronté. Notre direction essayait d'introduire de la crédibilité technique à la demande du marketing, sur les adaptations des carrossiers que nous mettions dans notre catalogue. Celles-ci devaient être garanties au même titre que le véhicule de base. Aussi nous avions été doté d'un budget et de moyens pour apporter notre assistance technique aux carrossiers, comme des véhicules supports pour le maquettage de leur conception et surtout, la validation technique de leurs propositions. Pour les directeurs de filiales commerciales qui jouaient le jeu, aucune adaptation complémentaire ne pouvait traverser les frontières, sans un accord préalable du constructeur. Lors du salon de Bruxelles, notre correspondant local Gilbert Dannis m'appela pour me demander si nous avions validé et donc autorisé les produits Bierman, fabriqués en Hollande. Ce n'était pas validé en l'état…

Gilbert en conséquence joua le jeu et bloqua le contrat de vente des adaptations Bierman en Belgique. Mon chef Yves reçut aussitôt un appel du responsable de Bierman, qui haletant, l'appela au téléphone pour avoir confirmation du blocage de ses produits en Belgique. Yves confirma le blocage et Monsieur Bierman nous promit tous les soucis de la terre, nous qui étions une entrave à son business très florissant. Sans tarder, nous fûmes convoqués Yves et moi, par C. Baudenot de la Direction Commerciale Europe. Claude était un homme qui comme la plupart des commerçants, méprisait la technique, toujours en retard et empêcheuse de tourner en rond notamment à cause de ses exigences dispendieuses. Claude nous rappela que Bierman était le plus gros importateur de la gamme Renault en Hollande et qu'il transformait et commercialisait 200 EXPRESS par mois en véhicules pour handicapés, encore appelés TPMR*.

Les codes

« Je ne vous fais pas mystère, qu'une solution rapide doit être enfin trouvée sur ce dossier qui commence à agacer en haut lieu ». Claude nous demanda de nous rendre en Hollande pour conclure cette affaire avec Bierman et notre filiale. Durant les quelques jours qui nous séparaient du départ, je me renseignais sur la nature de cette adaptation auprès de mes collègues.

Mon prédécesseur en avait lui-même hérité, sans le résoudre pour autant. Il me commenta un dossier photos montrant tous les sévices et « charcutages » en tous genres que le véhicule de base subissait avant de devenir une limousine de transport pour handicapés : découpe du plancher arrière sur toute sa longueur pour réaliser un décaissé, remplacement du réservoir d'origine, par un réservoir en tôle déplacé dans l'empattement, modification du train arrière pour assurer la fonction d'affaissement, découpe du pavillon pour rehausse avec une structure en fibre de verre. Bref, le volume des points techniques à valider était tel qu'il aurait fallu pas moins d'un an et une grande partie du budget du service pour aboutir.

Il y avait par ailleurs une collusion « gadzart » pour ne rien faire, entre mon prédécesseur, mon chef et le responsable des essais de la division des véhicules utilitaires de CREOS*.

TPMR : Transport de Personnes à Mobilité Réduite*

En clair, j'avais hérité d'un bâton merd… d'un pot de pus, bref, vous appellerez cela selon votre propre vocabulaire. Nous ne pouvions cependant pas botter en touche sur cette affaire dont le commerce était très attaché.

Les codes

Raymond Savoye notre nouveau directeur qui remplaça Gérard Ravouna s'immisçait volontiers dans nos réunions mensuelles avec le marketing et y menaçait sans cesse d'utiliser son carnet d'adresses pour contacter en séance, qui du directeur de la Deutsche Renault, qui du directeur de cela, pour soi-disant accélérer l'avancement de nos dossiers. « Un vrai furieux » qu'il valait mieux tenir à l'écart de ce genre de problème ! »

Finalement je contactai Guy Breas, le responsable qualité de l'Express qui était un homme posé, pragmatique et de bon conseil. Je lui affirmai que je ne me voyais pas consulter P. Gallet responsable du bureau d'études V.U. sur ce dossier. Je demandai à Guy ce qu'il pensait d'une validation endurance globale du produit Bierman avec plan d'action, bien entendu, sur les points de défaillance constatés. Guy encouragea ma proposition sur le principe.

Une fois arrivés sur place en Hollande, la filiale nous dépêcha un taxi et nous nous rendîmes directement dans un restaurant sélect sur la côte où Bierman nous attendait.

CREOS : Centre de Recherche et Études de la gamme des véhicules utilitaires*

Le repas grandiose fut conclu au moment du dessert par la question : « Sous quelle forme allez-vous lever l'interdiction d'exporter ? » Yves répondit que nous n'en étions par là. Il restait à valider cette adaptation. Je vis au visage sombre de nos interlocuteurs que ce n'était pas la réponse attendue. Les pressions que Bierman avait exercées auprès de la Direction Commerciale

Les codes

de Renault étaient censées pour eux, débloquer immédiatement la situation…

Yves reprit l'argumentation sur le dossier technique. La discussion s'enlisait car située sur un terrain qui avait été abordé maintes fois et qui n'avait pas abouti. Il restait la source de désaccords et de conflits antérieurs bien sentis. Je perçus que Bierman n'allait pas s'en contenter et solliciterait à nouveau des appuis de Renault en haut lieu. Nous ne pouvions en rester là. Aussi je me risquai, sans concertation préalable avec mon chef , ce qui n'est jamais à faire, à une proposition :

« Cette adaptation n'est pas validable par le Bureau d'Études Renault à cause de la quantité des modifications que votre Produit implique. La seule chose que nous puissions faire, c'est de la soumettre à un essai d'endurance complet et de corriger les défauts constatés. Aussi, je vous propose la démarche suivante : la filiale fournit le véhicule de base, Bierman réalise à ses frais la transformation et nous finançons les essais. Cela me semble équitable. Qu'en pensez-vous ? » Le premier à répondre fut la filiale qui apparemment semblait disposer d'un véhicule neuf, non vendable comme tel et qui pouvait contribuer ainsi à peu de frais. Bierman par solidarité avec la filiale, accepta la proposition. Nous nous levâmes en nous serrant la main. Nous avions juste le temps de prendre l'avion de retour pour Paris.

Yves n'était pas sûr de mes arrières… à juste titre. « Est-ce que tu t'es renseigné sur le coût d'un essai d'endurance ? Les bancs sont-ils disponibles ? Penses-tu que la qualité se passera d'un avis de CREOS ? » Ce bâton merd… est bien connu du bureau d'études. Il va nous attendre au tournant. Je répondis que nous n'avions pas le choix. Sur ce point, il était d'accord. Je lui indiquai que Guy Breas acceptait ma proposition. Cela le rassura et il s'endormit dans la voiture qui nous emmena à Schipoll (aéroport d'Amsterdam).

Je pris rendez-vous avec le responsable des essais de CREOS. Il m'avertit que tous les bancs quatre vérins d'endurance étaient réservés de longue date et que dans ces conditions, griller la priorité des essais gamme prévus au planning pour valider l'adaptation d'un carrossier devait être solidement argumentée. Il m'informa cependant en guise de solution, que l'UTAC en recherche de financement, proposait ses services pour des essais. Nous prîmes rendez-vous avec l'UTAC en vue de réaliser un essai d'endurance standard de type 3 500 km de PTO*. L'UTAC répondit favorablement sans pour autant posséder le banc adéquat. L'UTAC avait procédé il y a longtemps avec Renault, à l'élaboration du protocole d'essais. Je posai la question pour m'assurer que celui-ci était suffisamment sévère et s'il pouvait être considéré comme validant.

PTO : essai de roulage d'endurance sur Piste Tôle Ondulée*

La personne de l'UTAC se leva et m'emmena à l'extérieur. Il m'informa qu'il y avait justement un essai d'endurance en cours. Au prochain passage me dit-il, vous monterez dans le véhicule. Il prévint le pilote, au volant d'un véhicule étranger plutôt sportif, qui s'arrêta devant nous.

Je me rendis compte rapidement que la conduite était très sollicitante pour la voiture qui grinçait de toute part au passage sur la tôle ondulée, sur les gendarmes couchés et autres dalles disjointes de l'anneau de vitesse de Montlhéry. Il fallait une bonne constitution physique pour encaisser tous ces sévices. L'UTAC nous adressa son devis, qui fut accepté. Le processus que j'avais proposé fut enclenché. Au fur et à mesure de l'essai, je reçus les photos des ruines et ruptures constatées, que je m'empressais d'adresser à Bierman.

À la fin du test, je montais une réunion avec Guy et le responsable des essais. « Que conseilles-tu sur ces problèmes ? » Les propositions de principe vinrent très facilement : les techniciens ne peuvent s'empêcher de donner leur propre avis. Comment aurait-il conçu la chose sans que cela casse ? J'envoyais les recommandations à Bierman en leur expliquant que je souhaitais voir leurs propositions sur un nouveau véhicule transformé.

Je rendis à nouveau visite à Bierman. La discussion fut cette fois beaucoup plus détendue et constructive. Après avoir examiné la nouvelle proposition de transformation et pris quelques photos, je contactai Guy Breas. Faire un point technique précis à distance à cette époque, sans mail, internet et smartphone, était beaucoup plus ardu que maintenant. Je décrivis à Guy ce que j'avais vu, en insistant sur le fait que cela répondait aux préconisations du responsable des essais, que nous avions vu ensemble. L'accord ne fut pas donné en séance bien sûr, mais la confiance mutuelle était là. Une photo de nous deux, Monsieur Bierman et moi-même fut prise devant l'entreprise, chacun tenant une coupe de champagne. J'imagine que cette photo figura sur leur catalogue…

Les codes

Puis nous nous rendîmes dans un grand restaurant local. Bierman pour la circonstance, avait ouvert son porte-monnaie. Une fois n'est pas coutume… Nous dégustâmes chacun une sole immense qui repartait en cuisine, après chaque filet servi. J'ai donc rappelé trois fois ma sole car il n'y avait aucune raison qu'elle ne fut pas totalement engloutie. Dans la conversation, Bierman marqua un profond désaccord sur la politique française en matière de défense. J. Chirac avait en effet annoncé la reprise d'essais nucléaires pour mettre au point la « simulation ». Ces essais avaient été décidés très peu de temps avant la clôture de cette pratique soumise au véto bruxellois. Les Hollandais, en citoyens pacifiques et écolos désapprouvaient, en arguant que c'était là une pratique d'un autre âge, celle de la guerre froide… N'empêche que ces Hollandais faisaient un business très juteux sur le dos des handicapés… Chacun ses valeurs !

Les codes

A propos de la démolition de l'Ile Seguin ...

« C'est aussi beau que le krak des chevaliers, c'est le krak des ouvriers ! »

Jean Nouvel 1999

L'Iran : l'interférence avec l'emploi du temps des locaux « comme un cheveu sur la soupe » (2004)

L'Iran était un projet atypique et l'occasion du renouveau d'un dessein international de grande ampleur, en raison des volumes de production attendus (de 300 000 à 400 000 véhicules par an) et la nécessité d'un partenariat avec deux constructeurs locaux, Pars Khodro et Iran Khodro. Il fallait industrialiser localement plus de la moitié du véhicule en valeur pour limiter les droits de douane, qui pour un CKD s'élevaient à plus de 35%. Pour lever cette contrainte, outre les pièces du chassis et les POE de carrosserie, la totalité des pièces d'emboutissage et l'assemblage du moteur devaient être réalisés sur place. Renault n'avait jamais eu l'occasion d'intégrer des pièces aussi massivement chez des fournisseurs locaux. Nous ne connaissions que la pratique du CKD pour laquelle, la plupart des composants du modèle de base proviennent de l'usine mère, située en Europe.

Aussi, les pionniers de ce projet furent les achats qui eurent pour mission de sélectionner un panel de fournisseurs potentiels. Étant donné l'écart culturel très significatif en matière d'industrie entre un pays du Moyen-Orient sous embargo et le monde occidental,

Les codes

les achats faisaient en sorte de marier les fournisseurs locaux avec des fournisseurs occidentaux majeurs, dans le cadre de joint-ventures.

Nous avions ainsi découvert que la notion de planning était inconnue voire impossible à demander à un Persan. Dans cette culture, seul Dieu a le pouvoir de prévoir l'avenir. L'élaboration d'un planning constituait en quelque sorte un blasphème. Le Persan face à l'avenir raisonne de façon binaire. Un marché est soit décidé, soit pas décidé. Si c'est décidé, tout le monde doit être sur le pont et si possible en même temps. Je vis ainsi un bâtiment industriel dont le premier aménagement intérieur consista en des escaliers en marbre. Ils furent dès le lendemain découpés, pour pouvoir y introduire les structures métalliques du process.

Je fus nommé responsable Ingénierie Produit et vins sur place la première fois, trois mois après l'équipe achat de francs tireurs, moyennant quelques complications pour l'obtention d'un visa multi-entrées. Arrivé sur site, on me fit comprendre que j'avais mis le temps. Il fallait commencer à procurer aux fournisseurs un nombre incalculable de données techniques tels que plans, cahiers des charges et surtout expliquer les procédures Renault en matière de déroulement d'un projet,de réception des pièces et d'accords qualité. Nos procédures internes, constamment en évolution du fait de notre alliance avec Nissan, n'étaient pas encore publiées et restaient trop générales et en tout cas inadaptées pour des interlocuteurs du Moyen Orient. À chaque fois, nos spécifications étaient comparées à celles de notre concurrent PSA qui avait essuyé les plâtres avant nous. « Mais comment dois-je réaliser les essais des pièces ? » Mon interlocuteur me montrait alors un

Les codes

classeur de PSA décrivant les procédures d'essais ainsi que les plans de la machine d'essai ! L'international c'est d'abord l'école du pragmatisme…

Epilogue (2004)

Après cette longue mission préparatoire à Téhéran, Xavier E. Mon hiérarchique souhaita me voir. Il avait l'air grave ce lundi matin. Pour commencer l'entretien, je voulus le rassurer en faisant preuve d'optimisme à propos des rapports qui me semblaient maintenant « apaisés » avec les achats. Vinrent ensuite, quelques synthèses des visites de fournisseurs sur place. Xavier me laissa parler. Au bout de cinq minutes il m'annonça… que je ne faisais plus partie du projet Iran. Xavier m'informa que Tarik T. le lui avait demandé, en raison de divergences de vues. J'étais bien sûr anéanti par cette nouvelle et me remémorai tout le travail accompli avec chacun des responsables des bureaux d'études en comité GSFA, pour définir avec eux l'organisation sur site et l'effectif d'expatriés à prévoir. Ces démarches avaient abouti à ma nomination comme représentant de l'ingénierie Produit après trois mois de préparation. Pour tirer l'affaire au clair j'appelai Henri Bové (frère de José Bové), mon correspondant achat. Henri était issu de la même école que moi. Il me confirma que son chef était bien à l'origine de cette situation. Il n'y avait rien à faire selon lui pour y remédier. Il était d'ailleurs très ennuyé par le manque à nouveau, d'un représentant de l'ingénierie lors des négociations avec les entreprises locales. J'eus du mal à imaginer que toute mon implication sur ce projet s'arrêtait là. Je lui proposai bêtement de participer en audio aux discussions techniques et de planning, lors des prochains entretiens qu'il aurait à mener pour finaliser le sourcing plan*. Il me fit comprendre que si lui n'était pas opposé à cette proposition, cela poserait problème avec Rachid A. son responsable. J'errais au Technocentre hébété et sans savoir que faire. Je rencontrai çà et là des collègues avec qui j'avais eu des discussions passionnées sur l'Iran. Eux me questionnaient de loin. « Alors tu es toujours là ? Quand pars-tu ? Ta femme t'accompagne ? » Tout s'écroulait autour de moi.

Xavier E. vint me voir deux jours plus tard, non pas pour me proposer une nouvelle fonction dans le projet, c'est ce que j'espérais secrètement, mais pour me remettre une enveloppe. Celle-ci était en papier gaufré avec le sigle au losange en relief. Je n'en avais jamais vu de telles. En l'ouvrant, je lus un message qui m'était adressé personnellement, signé de Louis Schweitzer. Il s'agissait de 1 000 stock-options*, que le président m'octroyait pour services rendus. Cette gratification est exceptionnelle. Seuls des directeurs haut placés particulièrement méritants par leur action, en ont le privilège. Xavier m'expliqua qu'elle résultait de ma double implication sur le projet Iran et sur le démarrage des versions export de MEGANE, en remplacement d'un collègue absent pour cause de « burn-out ». Xavier fut bien embarrassé de me remettre cette gratification, alors qu'il m'avait annoncé une sorte de sanction à mon égard deux jours avant ! On peut l'imaginer. Je devinai que l'initiateur de cette démarche ne pouvait être que Carlos Tavares, ex-directeur du projet MEGANE, qui me remercia de mon implication, alors que j'étais déjà en poste sur l'Iran. Bien longtemps après je croisai Shamira, une Française d'origine Iranienne qui s'était rendue à Téhéran. Elle m'informa qu'Henri avait eu des déboires avec son chef Rachid A.. Il ne lui avait entre autres accordé aucune augmentation malgré sa contribution essentielle à l'élaboration du sourcing plan et son rôle primordial dans la fonction achat sur site. Peut-être une rivalité ? Les rapports s'étaient envenimés et Henri démissionna de Renault Pars. Elle me dit qu'il résidait toujours en Iran avec sa famille, employé dans une autre entreprise française.

Tarik T. harcelait Xavier E. pour qu'il lui propose rapidement quelqu'un pour me remplacer. Marc S., jeune ingénieur, s'était déclaré candidat, passionné comme moi par l'Iran. Il s'entretint peu après mon éviction avec le service RH en charge des expatriés. On lui annonça que sa mission pourrait durer trois ans et qu'elle serait éventuellement prolongeable. En conséquence, Marc vendit rapidement sa maison et sa femme remit sa démission. Marc apprit à Noël, soit une semaine avant son départ définitif pour Téhéran, que Tarik T. avait tout annulé le concernant. Tarik T. avait secrètement le désir de faire venir en tant qu'adjoint, un ingénieur d'essai, Jean C. avec qui il avait travaillé à Bursa huit ans auparavant. Jean lui était très dévoué et c'est cette qualité que Tarik T. appréciait. Jean fut muté dans la direction de Xavier E., en poste d'attente avant son affectation définitive. Néanmoins par mesure de représailles, Xavier E. le fit languir un an et demi, avant de lui transférer son protégé.

Le projet prit deux ans de retard et c'est finalement un Iranien en embauche externe qui fut recruté.

La leçon que j'ai retenue de ces péripéties est qu'il vaut mieux fuir les projets internationaux très médiatisés qui attirent telles les mouches, les carriéristes aux dents longues. Laissons-leur les paniers de crabes !

Stock-option : dans la mesure où il fallait attendre trois ans avant de pouvoir lever ces options et qu'entre-temps, il y eut la crise financière de 2007, je n'en ai jamais touché le moindre centime de revenu. Mais comme on dit, c'est l'intention qui compte !

sourcing plan : liste des fournisseurs nommés avec leurs propositions chiffrées en prix pièce et investissement.

Les codes

— J'en ai marre d'être le seul à avancer !

— Y a pas de pot ?

— Je veux bien tordre , découper , plier , déformer mais je ne souderai jamais des résistances dans un bidule en plastique comme ça . Ici c'est le haut de gamme , le bricolage c'est ailleurs !

M. Montaudoin pilote démarrage de Sandouville 1996

Dernière mission en Roumanie (2015)

Mon rôle sur site fut cette fois différent de mes missions précédentes. Je ne conduisais pas un projet précis dans lequel mon intervention était légitimée par la nécessité de piloter et rendre compte d'un budget et d'un planning. J'étais ici parce qu'il y avait un dysfonctionnement dans les arbitrages locaux de l'usine. L'attribution des surfaces de bâtiments industriels entre les Directions Véhicule et Mécanique n'était pas gérée et par conséquent source de conflits. Par ailleurs, la gestion des ressources au sein du service en charge des travaux neufs, n'avait aucun instrument de pilotage. Pour argumenter ma mission, j'avais élaboré et proposé un tableau prévisionnel des ressources humaines et des budgets de travaux délégués par chef de projet du service. Ce prévisionnel n'existait pas. C'est pourtant un outil incontournable de pilotage d'une équipe. Les dysfonctionnements précités ainsi qu'une absence de visibilité de la gestion des ressources locales dans un contexte de nombreux projets, justifiait pour ma hiérarchie une intervention ponctuelle de quelques semaines sur site. Arrivé sur place, je pris rendez-vous avec les Directeurs Industriels des usines de production mécanique et véhicules pour faire le point sur leurs visions stratégiques respectives. Après deux semaines sur place je fus convoqué avec mes collègues roumains par le directeur d'unité qui me passa devant témoins, un savon mémorable.   L'homme, un ancien légionnaire assez directif dans son management ne supportait pas que je m'interpose dans ses prérogatives et sa chasse gardée ; à savoir l'organisation de la direction des services à l'entreprise. « Vous venez pour améliorer l'organisation de la Roumanie ? »

Les consignes de notre directeur de région auprès de lui avaient-elles été claires ? Objectivement, le site présentait un dysfonctionnement pour gérer l'attribution des surfaces. Ce rôle, selon la règle, est dévolu au sous-directeur de l'UCM. Je fis le siège de son bureau . Il m'avoua qu'il n'avait plus organisé de comité d'attribution des surfaces depuis un an et demi et que dorénavant, il fallait voir ça avec son successeur. Il m'apprit qu'il quittait son poste à la fin du mois.

Denis G. le chef de projet industriel , unique Français sur place, se sentait bien seul. La hiérarchie aux postes clés, exclusivement roumaine, commençait à décider sans lui. Ce qui se passait à Pitesti, c'était le même scénario que l'Espagne il y a 20 ans, que la Turquie il y a 10 ans et certainement que le Maroc dans 10 ans … à savoir que lors de l'atteinte d'un certain niveau de maturité, les directions régionales veulent prendre leur autonomie et voir partir toutes les personnes du siège qui sont pour elles des empêcheurs de tourner en rond.

Les Français ont une formidable capacité d'adaptation pour gérer les spécificités des pays où ils pénètrent et font des affaires. Evidemment, les pays en question apprennent de nous et demandent à apprendre. J'ai eu des collègues roumains collecter, archiver toutes les données techniques qui provenaient des Français, pour capitaliser et plus tard…faire par eux même. Mais au bout de quelques années, nos collègues étrangers découvrent nos failles latines dans nos standards et organisations qui sont en façade, imparables. Ils constatent au fil du temps qu'ils sont aussi efficaces que nous et surtout plus rigoureux que nous. Quand le site industriel fait ses preuves en résultats, en organisation, alors ils nous rejettent. Messieurs les Corporates, restez chez vous. Ne venez pas nous donner des leçons d'organisation alors que c'est le même b. chez vous et que vous n'êtes pas fichus de vous réorganiser !

Nous sommes des Latins. Très forts au début mais faibles à terme parce que nos organisations sont illogiques, pas assez rationnelles et surtout trop appuyées sur les personnalités qui les incarnent… Qu'elles fassent leurs preuves ou non ce n'est pas le point important, nous adorons les changer à l'occasion notamment des nouvelles nominations.

J'ai eu l'occasion plus tard de comparer notre management Renault à distance avec celui de Nissan. Pour l'usine de Pitesti, l'effectif de Français est passé de 60 expatriés en 2005 à 0 expatrié en 2016. Dans la nouvelle usine de Chennai en Inde, dont le volume de production et la diversité produit étaient comparables à celles de Pitesti, le staff de Nissan était constitué uniquement d'un directeur de production, d'un adjoint, ainsi que de quatre chefs de département pour les ateliers. Certains étaient même des ingénieurs débutants, venus là pour apprendre le métier ! L'usine comportait également une hiérarchie opérationnelle classique, entièrement constituée d'autochtones, y compris le directeur d'usine. Comment Nissan contrôlait-il avec six personnes tout au plus cette unité de production ? Elle ne donnait lieu qu'à très peu de visites du Corporate. L'usine avait donc une grande autonomie décisionnelle.

Le secret résidait dans son autonomie financière. La hiérarchie locale de Nissan détenait les cordons de la bourse. Tout projet d'investissement demandé par l'usine devait donner lieu à l'élaboration d'un dossier de décision comportant les coûts, le planning, présenté sous la même forme de par le monde. Il était soumis d'abord aux arbitrages des représentants locaux de Nissan, qui eux-mêmes consultaient le siège pour accord final. Le pilotage efficient de l'international est ainsi basé sur la capacité à mettre en place par le Siège, des organisations légères et stables en effectif, des règles et standards systématiques et une délégation de pouvoir bien ciblée…

Après avoir fait preuve de pragmatisme avec mon légionnaire, je profitai de mon dernier week-end en mission avant mon retour en France, pour revoir la « Riviera roumaine » à savoir Constanta et les multiples stations balnéaires du littoral de la Mer Noire que l'on égrène comme les divinités grecques telles, Olimp, Neptun, Venus… et ce jusqu'à la frontière bulgare. Bien que cela ressemble à des souvenirs de vacances et que cela puisse ne pas intéresser tout un chacun, je témoigne, car pas un touriste étranger n'aurait l'idée saugrenue de visiter cette partie de la Roumanie et a fortiori d'y retourner plusieurs fois ! Ce n'est donc que dans le cadre des détentes de missions professionnelles que l'on a l'occasion d'observer sur plusieurs années successives, ce genre d'endroit qui pour nous, n'offre que peu d'intérêt touristique.

Il y a dix ans en 2005, je me rendis fin septembre à Constanta, soit après la saison touristique, en suivant les conseils de mes collègues roumains. Après la traversée de Bucarest, on passe le long d'un canal sur une dizaine de kilomètres, enchâssé dans ce qui pourrait être l'une des plus grandes décharges à ciel ouvert, consistant en deux plaines sur remblais de 4 à 5 mètres de haut, s'étendant à perte de vue et couvertes de sacs en plastique. Cette décharge était densément habitée de chiens errants et surtout de gens en haillons qui la parcouraient en quête d'objets récupérables et vraisemblablement de nourriture. Ils marchaient hagards, parfois pieds nus au milieu des sacs qui virevoltaient au vent. Ils étaient attendus en contrebas par quelques carrioles à cheval. Je fus témoin d'une vision dantesque de cette misère et surtout de la taille de cette décharge qui n'avait rien à envier à ce que l'on doit trouver communément en Inde. Il est vrai que Bucarest est une ville de 2 millions d'habitants et qu'il faut bien que tous ces déchets, sans aucune politique de recyclage à l'époque, c'est-à-dire avant l'entrée dans l'Europe, aboutissent quelque part.

Suit une autoroute toute neuve qui s'interrompt avant le défilé de Cernavoda avec ses célèbres ponts sur le Danube et sur le canal de Danube - Mer Noire qui a demandé des travaux pharaoniques pendant la période communiste. La fin de l'autoroute nous mène, via des déviations étroites, à proximité de l'ancienne cimenterie Lafarge et surtout devant l'unique centrale nucléaire de Roumanie, dont l'état de rouille de l'armature de la coiffe vous fait frémir ! On parcourt alors une longue route ombragée, serpentant parmi les vignes et les collines, traversant des villages évocateurs comme Murfatlar (un vin très connu en Roumanie) qui n'est pas sans rappeler notre Nationale 7, tant les bouchons et la chaleur sont présents pendant l'exode estival.

Arrivé à Constanta, direction l'ancien port de Tomis, de forte influence turque, qui comprend d'ailleurs deux mosquées dont les minarets détachent leur silhouette sur ce port antique. Un casino des années 30 à l'abandon, trône sur la promenade du bord de mer. C'est pratiquement l'emblème de la ville avec ses courbes, ses galbes prétentieux et son architecture surannée. Une pièce montée pour mariage à l'orientale fait sobre à côté ! Tout est ici dans son jus, décati, délabré jusqu'aux rues avec leurs innombrables nids-de-poule. Mais il y a un charme indéfinissable de ces ruines, d'ailleurs investies par des restaurants branchés et de l'hôtel Palace, complètement délabré, trônant fièrement sur le bord de mer. Il devait figurer sur toutes les cartes postales de la belle époque. Il est en restauration depuis peu et les frais sont financés en partie par la vente de l'argenterie. L'entrée de la salle de restaurant est flanquée de deux plateaux d'argent somptueux. Cette adresse est pour moi incontournable.

Il n'y a qu'en connaissant bien des autochtones que l'on peut découvrir la résidence du bord de mer de Ceaucescu et celle de l'ancienne nomenclatura communiste. D'immenses villas dans la

Les codes

pinède, surveillées et gardées, constituent encore actuellement, la résidence préservée des privilégiés du pouvoir. D'énormes chiens en gardent l'accès, « caine rau » écrit sur tous les portails et rappelé par les aboiements rauques de molosses en quête de distraction et d'un mollet potentiel. La résidence suprême est parsemée de miradors et de barbelés jusqu'au-delà de la plage.

Viennent ensuite des hôtels défraîchis des années 70, construits lors du communisme, mais apparemment toujours utilisés, où se pressent les estivants roumains dont le séjour balnéaire était intégralement subventionné par l'état ! Cette habitude, quinze ans après la fin du dictateur, est toujours pratiquée.

Il faut pousser sa route jusqu'à la frontière bulgare pour découvrir Vama Veche, un lieu spécial, fréquenté par de gros bikers tatoués, la cinquantaine, style cuir clouté et queue-de-cheval. Le paradis des hippies avec ses baraques en bois, ses ruelles en terre battue, ses devantures bariolées d' inscriptions explicites sur le monde idéal. Les caravanes, le camping sauvage et la plage de nudisme viennent compléter ce lieu du bout du monde où, habillé en « normal », on hésite à s'aventurer, car reluqué et presque indésirable… c'est en quelque sorte le Beauduc local.

J'entrepris donc, dix ans après, de retourner sur les lieux, bien avant la saison. La Roumanie entre-temps s'est mise au diapason de l'Europe. Il n'est pas rare de traverser des villages dont la route est constellée de drapeaux nationaux jumelés avec des drapeaux européens. Père subventions est omniprésent, ce que l'on constate par les nombreux travaux d'infrastructures avec leurs panneaux

Les codes

informant des subsides et de leurs donateurs. La modernisation est en marche, ce que l'on constate par la disparition de l'immonde décharge de la banlieue Est de Bucarest et surtout par cette autoroute qui dessert maintenant directement Constanta. Adieu nationale 7 et son Murfatlar capiteux !

Le petit port de Tomis a également bénéficié d'un lifting européen . Toutes les ruelles défoncées sont maintenant pavées et piétonnes . Revers de l'européanisation, les bâtiments avachis, investis autrefois par les restaurants, sont maintenant abandonnés : normes de sécurité obligent. Et les touristes n'affluent plus car on déplore beaucoup de fermetures et de faillites. Tomis est maintenant une ruine dans un bel écrin ! Et ironie du sort, avec un panneau « bâtiment istoric » sur toutes ces constructions, sièges de décharges sauvages qui menacent de s'écrouler !

Les stations balnéaires du sud de Constanta semblent maintenant presque abandonnées vu le nombre d'hôtels désaffectés et déglingués. Les seuls habitants sont les chiens qui pullulent. Le plaisir de la mer c'est habituellement pour nous de longues balades sur la plage à divaguer et s'abandonner à ses pensées. Ici vous êtes sur vos gardes avec des chiens errants qui viennent vous harceler, quand il ne faut pas cinq minutes à chaque fois pour s'en débarrasser ! Il y a parfois dans le sable des empreintes plus larges que celles de chaussures de chantier. C'est terrifiant et inhibe toute velléité de se poser sur le sable…

J'ai eu l'occasion de voir un groupe de Coréens débarquer dans un des rares hôtels opérationnels et ouverts au milieu de ce no men's land. Ils se demandaient ce qu'ils faisaient là en cherchant vainement ce qui pouvait ressembler à une attraction touristique.

Il semble que les Roumains ne viennent plus à la plage et passent leurs vacances ailleurs. Beaucoup d'établissements sont à vendre depuis des années. La plage d'Efforie n'est qu'un champ de béton de constructions inachevées, déjà délabrées. Quel curieux paradoxe que ces subventions qui permettent de moderniser des infrastructures dans des lieux qui deviennent abandonnés et qui tombent en ruine ! L'espoir c'est cet énorme chantier naval à Mangalia de Daewoo Heavy Industry qui arbore fièrement son qualificatif de « plus gros chantier naval d'Europe ». Je comprends alors la raison de cette présence importante de Coréens. Enfin Vama Veche dont les rues sont habitées toute l'année, aux maisons devenues pimpantes et aux jardinets entretenus. Je rentre dans un restaurant qui inclut dans son menu, l'histoire de l'établissement, racontée comme une sorte de manifeste d'idéal de vie et leçon d'optimisme dans cette région à l'abandon malgré les subsides. Et si après tout ces ex-marginaux avaient raison ? Ils le prouvent en tout cas en réinvestissant ces lieux autrefois désertés.

Les codes

« Avez-vous lu le code de déontologie ? »

Patrick Pelata 2010

Formule apparue dans les questionnaires d'entretiens individuels au moment de l'affaire des faux espions et qui persiste toujours.

HHA bi ton (2014)

La logique de développement d'un nouveau véhicule est complexe. Elle fait appel à des processus qui doivent s'enchaîner et se synchroniser en impliquant des acteurs de toutes sortes issus de l'ingénierie, des fournisseurs, des usines. Cette logique est matérialisée sous la forme d'un planning, intégrant l'exhaustivité des rendez-vous intermétiers, dont seuls quelques spécialistes en maîtrisent le contenu. La durée des différentes phases est en principe invariable, d'un projet à l'autre. L'obtention des résultats fait l'objet d'un jalonnement qualité. Lors du franchissement d'un jalon, la Direction de la Qualité s'assure que les résultats attendus sont au rendez-vous. Toutes ces étapes figurent, pour chaque projet, dans un « master planning » qui lui est propre. Celui-ci n'est plus modifiable une fois l'engagement des différents acteurs pris au cours d'un jalon appelé « Contrat » et le financement du projet confirmé par la Direction Générale. Cette dénomination de contrat, veut dire ce qu'elle veut dire…

Les codes

En entrant chez Renault en 1989, j'eus connaissance que l'élaboration de cette logique de développement était dévolue à une petite équipe désignée « groupe DELTA ». Elle était constituée de cinq « sages » de l'entreprise, nommés et renouvelés à tour de rôle, un peu comme les immortels de l'Académie Française. Leurs membres issus de tous les secteurs, avaient pour objectif de bâtir le planning type du développement d'un projet en s'assurant auprès des directeurs opérationnels de sa faisabilité. La déclinaison de cette logique dans les moindres détails en un plan de convergence* cohérent, prit douze ans. Je me souviens de ma chef d'unité me remettant religieusement le manuel ad hoc en papier glacé. Bref, la Bible interne de Renault. Chacun dans l'entreprise devant se l'approprier, ne serait-ce que pour savoir ce que l'on attendait de lui.

On comprend bien que la clarté était ici le souci principal pour éviter toute cause d'erreur. Les vocables issus de la « novlangue » étaient proscrits. Chacun devait comprendre ce qu'est un accord de fabrication ou un accord de commercialisation. Ainsi voyait-on dans les bureaux des directions de projets au Technocentre, des tableaux encadrés avec les dates des principaux jalons franchis de haute lutte avec le bouchon de champagne de circonstance. Cette pratique bien ordonnée et rodée comme du papier à musique a été cependant balayée, à partir de 2010. La multiplicité des modèles à concevoir pour étoffer le catalogue du constructeur et surtout le rapprochement avec Nissan qui ne parlait pas le même planning, ont justifié une totale refonte de notre ABCD automobile.

Ainsi le jalon « RO », c'est-à-dire le Rendez-vous pour le lancement des Outillages est devenu « TGA », soit : « Tooling Go

Ahead. ». Cette mauvaise traduction n'est pas sans rappeler pour moi les compas qui défilent au son de « we don't need no education, we don't need no thought control » de l'opéra rock The Wall des Pink Floyd. En poursuivant l'explication, les outillages dont il s'agit sont les outils d'emboutissage que l'on traduit plutôt par « die casting » plutôt que par « tooling ».Ils sont constitués d'une forme et d'une contre-forme en fonte. L'ensemble pèse environ 30 à 40 tonnes. Imaginez un défilé de « dies », marchant au pas cadencé et au son de « we don't need no education » dans les couloirs du Technocentre… Écartez-vous ils arrivent !

Dans le même registre, le planning type s'est appelé « V3P » : Valuable Program Product Planning. Comprenez comme vous le voulez, mais avant, semble-t-il, on ne faisait pas « valuable » ? Les dénominations des projets ont également été rebaptisées, comme « HHA bi-ton » qui désigne un cross over, sur plateforme A, dont le toit sera d'une couleur différenciée du reste de la carrosserie. Mon voisin de bureau en a trouvé une traduction plus mnémotechnique :

La dénomination des projets, c'est-à-dire leur codage, nécessitait un glossaire pour comprendre ce à quoi on avait affaire. Bernard

Les codes

D., notre collègue, l'avait affiché dans son bureau le long d'un mur sur trois mètres de large ! Je reste aujourd'hui très étonné qu'une politique inverse de celle menée auparavant, c'est-à-dire, balayant délibérément la clarté et le pragmatisme, puisse fonctionner sans erreurs !

Une des justifications avancée fut le secret et la protection contre l'espionnage. C'est sûr qu'en brouillant les pistes on peut y arriver. Cette démarche a trouvé son paroxysme au moment de l'affaire des faux espions en 2010 durant laquelle Renault menait sa propre enquête en parallèle à celle de la police ! Le fait est que cela marche quand même ! Là réside l'incroyable adaptabilité de l'entreprise et la capacité des hommes à œuvrer ensemble dans un contexte complexe et hermétique. Non, la vraie raison c'est le maintien du pouvoir des dirigeants : lorsque vous perdez vos troupes par la réduction nécessaire des effectifs, il faut compenser par autre chose. Le siglage et l'encodage des objets et des processus, à condition que vous ne soyez qu'un nombre limité d'initiés à les connaître, est une clé de substitution de pouvoir. C'est comme pour les codes nucléaires du Président. Mot de passe oublié ?

**Plan de convergence : logique de succession de tâches , phasées dans le temps et dont les résultats attendus permettent d'atteindre l'objectif d'un projet.*

Les codes

« Le déséquilibre avant »

Carlos Tavares expliquant comment passer les jalons qualité en 2001.

Ci-jointe comme corollaire, une citation de Patrick Boucheron au Collège de France 2018 :

« L'exercice du pouvoir est la maîtrise de l'idiorythmie c'est-à-dire l'art d'imposer à l'autre son propre rythme ».

Le fait du prince (2003)

La phase finale de mise au point du cabriolet était laborieuse. La tenue en endurance du toit articulé n'était pas acquise et sa définition technique n'était pas encore figée. Le fournisseur Karmann nous livrait encore à quelques mois du démarrage série, des assemblés prototypes. Deux toits livrés consécutivement n'étaient jamais identiques. La grande série impose en effet de se tenir à une définition technique figée et que « l'artisanat », selon l'expression de C. Tavares, n'a rien à faire chez un constructeur généraliste.

Il déplorait cette situation. Elle justifiait d'organiser une mission éclair, avec quelques personnes du projet, à Rheine, siège du carrossier Karmann. Un avion d'affaires fut spécialement affrété de façon à faire l'aller-retour dans la journée et à ce que Carlos rencontre le PDG de Karmann pour lui passer des messages. Le jour de la mission avait été fixé un mardi, juste avant la Pentecôte. J'avais pris le mercredi comme congé afin de passer un long week-end dans le Midi et pour profiter des beaux jours en réservant quelques hôtels.

La date de la mission fut changée au dernier moment, ce qui mit notre escapade de vacances aux calendes. J'étais très contrarié par ce changement. Je décidai alors d'écrire un message à C. Tavares, expliquant que bien que dévoué au développement du projet, j'avais pris un engagement auprès de ma « ministre de l'intérieur » et qu'avec ce changement, je perdais toute crédibilité. Je déposai ma feuille sur son bureau immaculé.

Si on pouvait associer l'ordre d'un bureau, au niveau hiérarchique de son propriétaire, celui de Carlos n'avait déjà rien à envier à celui d'un PDG ou d'un ministre. Mon billet trônait donc au milieu d'un plateau immaculé ou même un insecte n'aurait pas risqué son chemin et faisait presque tache !

Évidemment, je fus rappelé au téléphone rapidement et la tonalité du coup de fil n'avait rien à voir avec celle à laquelle je m'attendais. Au lieu de justifier la nécessité impérative du Projet qui imposait tous les sacrifices familiaux, ce fut un message d'excuses à transmettre à ma femme et la difficulté de planifier un rendez-vous. La compatibilité avec l'agenda du PDG de Karmann avait conduit à ce changement de date. Je n'avais d'ailleurs aucune illusion sur l'issue de ma démarche, mais je fus sensible à son argumentation et lui confirmai que je ferai bien sûr partie de la mission.

Les codes

Le jour J, je profitai de l'opportunité du transport par avion pour amener un toit démonté qui avait subi un essai d'endurance. Le toit malheureusement ne rentrait pas dans la soute et nous avons voyagé avec cette pièce encombrante disposée en travers de la carlingue… Les reproches sont venus plus tard lorsque nos correspondants de Karmann sont venus nous chercher à l'aéroport avec deux voitures. Je me suis retrouvé seul avec mon toit dans la grosse Mercedes break et le reste de l'équipée dut prendre place, fortement tassée, dans la CLIO qui nous accompagnait. Le regard de Carlos, écrasé le long de la vitre latérale, exprima sans ambiguïté que mon initiative était de trop…

La mission se déroula comme prévu et fut fructueuse en informations. Des évolutions techniques encore significatives devaient être engagées sur le cabriolet. Nous étions fin juillet, et 3 500 voitures de présérie devaient subir un réalignement technique complexe.

Comme de coutume lors de tous les jalons significatifs du Projet, C. Tavares organisa un amphi pour réunir les 200 à 300 personnes directement impliquées et pour expliquer les décisions prises sur les points cruciaux. Cette présence aux amphis n'était pas imposée et celui-là positionné fin juillet ne me motiva pas outre mesure. Je m'y rendis néanmoins.

Carlos exposa précisément la situation pour le réalignement des 3 500 voitures qui attendaient sur le parc CLE de l'usine de Douai. La description de l'opération fut faite avec maints détails. Le temps opératoire avait été estimé et la conclusion était, que pour boucler le réalignement au mois d'août, il fallait réunir cinq à six personnes pendant trois semaines.

Carlos précisa qu'il n'était pas question, en période d'arrêt de production de l'usine, de faire revenir des opérateurs pour effectuer le réalignement. Après tout, selon lui et par solidarité, c'est bien à l'équipe projet « rapprochée », compte tenu de sa responsabilité dans le développement, d'assumer et de se dévouer à cette tâche.

En vingt ans d'activité professionnelle je n'avais pas imaginé qu'un directeur puisse envisager de demander à ses équipes de sacrifier leurs congés annuels pour raison professionnelle. Comme volontaires désignés d'office, nous échangions nos regards étonnés dans cet amphi… En nous disant quelle très mauvaise idée nous avions eu d'y entrer.

À la fin de l'exposé, C. Tavares se tenait devant la sortie avec une liste à la main. Et ce que j'avais imaginé arriva effectivement. Il demanda à quelques collègues qui étaient devant moi, d'annuler leurs congés, réservation de vacances ou pas, en y mettant les formes bien sûr, mais la demande était ferme.

Quand je fus devant lui, il me rappela l'épisode de la Pentecôte et me dit : « Tu as déjà sacrifié du temps personnel sur le projet et ta femme en a subi également les conséquences. Pour cet été, tu es dispensé de l'opération de retouches. »

Je sortis satisfait de mon sort mais gêné vis-à-vis des collègues. Carlos n'était pas un manager tyrannique et autoritaire avec son équipe et cherchait plutôt à obtenir l'adhésion avec une maîtrise

Les codes

inégalée du propos, du ton qui nous mettait dans l'impossibilité de refuser. Au contraire, il cherchait à provoquer l'émulation dans l'équipe et c'est souvent par volontariat que nous nous impliquions au-delà de ce qu'il est classique d'obtenir de salariés même très motivés dans notre Projet fédérateur.

Ainsi, j'avais assuré une présence en week-end lors des essais d'endurance à Lardy. Cela n'avait d'ailleurs aucune utilité technique. En effet, un banc d'endurance douze vérins est un outil complexe à piloter. Il n'est donc confié qu'au technicien qui en a la charge. Mais être là, c'est montrer aux techniciens d'essais et au chef de service, qu'il y a une motivation forte du Directeur de Projet au bon déroulement des essais. Dans un sens cela valorise aussi l'importance de leur tâche.

La conclusion est que l'on peut s'impliquer ponctuellement au-delà de son rôle professionnel, mais il est rentable de le faire remarquer et au meilleur niveau hiérarchique !

La voiture de Mme De Smedt (2003)

Monsieur De Smedt était le Directeur Général Adjoint de Renault pendant la période de 2000 à 2005, c'est-à-dire lors de la période transitoire où C. Ghosn avait été missionné au Japon pour redresser Nissan. Monsieur De Smedt, ancien de VW, était dans la fin de la cinquantaine et je pense que cette fonction transitoire, avait été convenue lors de son embauche. Comme tout directeur adjoint, il s'était vu attribuer un véhicule de son choix pour ses besoins personnels. Ainsi un cabriolet noir intérieur cuir rouge faisait partie du parc de véhicules trônant dans la cour gravillonnée de son hôtel particulier à Neuilly. Madame, était la principale utilisatrice de cette voiture, plutôt employée pour le shopping local.

Lors de mon trajet de retour depuis l'usine de Douai, je reçus au téléphone un appel de l'assistante de C. Tavares : « Philippe, le chauffeur de M. De Smedt veut te parler… » Je reconnus le ton un peu rustaud du chauffeur qui tenta de m'expliquer le problème ; à savoir qu'en roulant, le capot à l'arrière s'était intempestivement déployé comme un aérofrein. J'imaginai la scène dans les rues de Neuilly… Madame de Smedt avait dû se garer tant bien que mal et appeler le fameux chauffeur à la rescousse. Heureusement que j'étais sur la route car je me voyais mal réparer sur l'heure cette voiture au domicile de Monsieur et Madame…

Le dialogue avec le chauffeur me permit d'établir un premier diagnostic. Visiblement les serrures étaient défaillantes. Le chauffeur me précisa à la fin qu'il avait laissé la voiture à la succursale Renault de Boulogne.

Le lendemain, je sollicitai le spécialiste des mécanismes, dont les serrures font partie, pour se rendre sur place, confirmer le diagnostic et remettre le véhicule en état.

Malgré nos recherches à Boulogne , la voiture était introuvable. En fin de matinée, le directeur des études des pièces carrosserie dont le collègue qui m'accompagnait était issu, me contacta pour me dire que C. Tavares l'avait sollicité et que comme le sujet était d'importance, il avait pris personnellement l'affaire en main. À l'heure du coup-de- fil, la voiture aurait été rapatriée au

Les codes

Technocentre dans les ateliers de la direction des pièces carrosserie, pour être analysée. Il était évident pour lui qu'une réponse exhaustive, incluant le diagnostic, le compte rendu de la mise en état, la convocation du fournisseur défaillant avec son plan d'action sur le bureau de C. Tavares, le tout dans la journée, était la mission que l'on attendait de lui. De retour au Technocentre, je me rendis aux ateliers en question. Personne n'avait vu la voiture ni même, n'en avait entendu parler. Je compris enfin pourquoi ce gars péremptoire était devenu directeur. Le discours, « le savoir être » comptent beaucoup plus que les actes !

L'objet du délit était toujours introuvable malgré les nombreux appels de directeurs divers, se renseignant sur l'avancement de notre analyse. Finalement, je fus prévenu par la Techline après-vente qu'un cabriolet noir avait été livré au parc des véhicules d'entreprise dans la soirée. Il correspondait au descriptif que m'en avait fait le chauffeur.

Les serrures étaient effectivement en cause. L'affaire était sérieuse car nous avions convaincu, voire obligé Karmann, le développeur et fournisseur de l'ensemble du toit rétractable, d'utiliser nos serrures de série, moins chères et plus abouties, que ses propres serrures.

Le fournisseur fut donc convoqué lors d'une réunion de démarrage du mardi à Douai. Valeo vint en force. Une seule personne en « front office » eut le loisir de prendre la parole et de fournir des explications. C'est une conduite efficace pour éviter les impairs et les contradictions. Valeo avait donc une stratégie bien rodée et nous informa qu'ils avaient récupéré les serrures de nos propres véhicules de roulage et qu'ils les avaient analysées. La conclusion formulée par Valeo fut que les modifications demandées par Renault, issues des plans d'économie et d'amélioration qualité, étaient vraisemblablement à l'origine du problème. Le pilote GFS* de Renault qui avait la responsabilité des serrures, tenta tant bien que mal de se défendre. Valeo avait préparé l'entrevue et avait réponse à tout. Nous battîmes en retraite et C. Tavares me demanda de replanifier une réunion ad hoc en insistant pour qu'elle soit bien préparée.

Puis je demandai au pilote GFS de m'envoyer toutes les questions en cours avec Valeo afin de profiter de la prochaine entrevue. Je reçus un mail de plusieurs pages et recensai 25 questions en cours, dont certaines étaient ouvertes depuis pratiquement trois ans, sans solution au bout !

Nous nous mîmes d'accord pour restreindre la réunion aux trois questions, qu'il jugeait majeures.

Il m'expliqua que la serrure Valeo coûtait pratiquement la moitié des serrures équivalentes de la concurrence et que malgré cela, il y avait une dizaine de questions « eco » en cours. La pression des coûts ....

La réunion eut lieu un samedi matin en audio. Nous étions tous dans nos domiciles respectifs, sauf Valeo, et nous perçûmes qu'ils étaient quatre ou cinq dans un bureau. Valeo nous déroula un plan d'action consistant à réoutiller les pièces incriminées avec forts investissements et un planning de pratiquement un an pour l'aboutissement d'une solution définitive robuste... Calme olympien de C. Tavares. En fait, notre réaction initiale indignée était une posture et nous n'avions pas de contre-arguments à faire valoir pour limiter les impacts. La politique de réduction des coûts est souvent à ce prix.

**Pilote GFS : responsable du bureau d'études en charge des pièces issues de son Groupe Fonction Série*

Les codes

« Je me fous de la performaaaance ! »

S.V. quotidiennement de 2004 à 2007

Live meeting (2012)

Les geeks diront que c'est un outil de communication. Un truc comme Facebook ou autre facétie du net. Toutes ces conclusions sont hors sujet… Live meeting est un outil formidable pour mettre les besogneux sous stress. Cette anecdote pour illustrer mes propos.

En Slovénie, je pilotais avec trois autres collègues, la réalisation d'un projet capacitaire conséquent. L'usine de Revoz n'avait jamais vécu un projet d'une telle ampleur ! Celui-ci impliquait de nombreux challenges techniques et d'une certaine façon, c'était ce qui m'avait attiré dans cette aventure. Quand j'ai démarré ce projet, des personnes « sensées », m'ont expliqué qu'un simple technicien suffisait pour gérer cette affaire et que comme cadre, je me dévalorisais. Selon Hayes*, dont les R.H. sont les mentors, je n'avais rien à y faire au vu de la cotation du poste. Ceci dit, ma hiérarchie directe et les managers du projet ont argumenté ferme pour que je sois de la partie.

L'une des difficultés, consistait à piloter une équipe multiculturelle constituée de Français, Roumains, Slovènes et Coréens, pour gérer nos interfaces avec les fournisseurs et clients et pour engager les études auprès de trois bureaux d'études slovènes et plus tard six entreprises représentant environ 130 personnes sur le chantier.

Une fois sur site, et compte tenu des difficultés de toute nature, j'avais dans mon agenda hebdomadaire une réunion programmée le mardi avec l'usine et trois réunions le jeudi en live meeting. Une réunion le vendredi et un point complet mensuel avec la direction de l'usine et le Projet. En cours de route on me sollicita pour une deuxième réunion le vendredi, toujours en live meeting. Tout cela sans compter avec quatre heures hebdomadaires le mercredi avec un fournisseur coréen pour suivre une étude très technique dans un anglais approximatif et une liaison internet des plus mauvaises.

Cette charge est normale dans un projet de cette ampleur. Mais le reporting en live meeting avec des personnes du siège qui n'ont jamais apporté la moindre aide pour déverrouiller des situations bloquées, notamment avec les achats, était lourd et superflu. Je compris enfin que le management corporate avait pour objectif non avoué de ne <u>jamais</u> venir sur site en se faisant un point d'honneur de tout gérer à distance…entre autres pour y insuffler le bon niveau de stress aux équipes locales, et d'aboutir dans des délais très contraints.

**Hayes : officine américaine (comme Mac Kinsey), justifiant la rémunération d'un poste en fonction de la responsabilité qu'elle implique. Cette responsabilité est quantifiée par la méthode dite de « Hayes ».*

Les codes

Je m'étais rendu compte deux ans auparavant, en pilotant des travaux à distance en période d'arrêt de production, que le fait de ne pas être présent sur site et de ne communiquer qu'en live meeting, donnait beaucoup plus de poids aux directives que j'étais amené à donner. En tout cas, elles n'étaient pas remises en cause et étaient respectées.

Dans le cas de la Slovénie, j'étais de l'autre côté de la barrière et me suis rendu compte de la formidable dose de stress subie par ce type de management.

Il y a cependant des limites à ce pilotage exclusif. Tous les acteurs, directeur d'usine compris, comprennent assez vite que l'œil de Moscou du siège, s'il ne répond en rien aux questions délicates, prouve son inutilité dans l'action concrète. Il en résulte une complicité de tous et la langue de bois vis-à-vis du siège devient la règle.

Quand la pression, par la multiplicité des réunions live meeting et des reportings devient intolérable face aux difficultés locales quotidiennes du projet que vous avez à résoudre seul, un mot magique permet de « débrancher » les offensives des managers avides d'informations en tout genre. Le mot <u>harcèlement</u>. Dans ce mode de communication moderne à distance où tout est enregistré, analysé, le fait de le prononcer une ou deux fois en réunion, stoppe immédiatement les agressions. Évidemment, lorsque vous revenez au siège une fois le projet terminé, on vous fait bien comprendre que vous n'avez pas été totalement coopératif et que vous avez fait preuve de faiblesse dans votre management.

Les codes

Dans le cadre de l'alliance avec Nissan, les réunions en live meeting avec nos homologues japonais, les régions, deviennent maintenant extrêmement utilisés. De jeunes collègues de la stratégie, les animent en anglais et en maniant une foule de données extrêmement complexes. Quand on visualise à l'écran que ces animateurs multilingues ont bien souvent quatre à cinq réunions de ce type en attente par demi-journée, on se dit que le surmenage n'est pas très loin…

Les codes

« Je suis serein mais je suis inquiet »

C.Ghosn Convention annuelle 2012

Renault, une grande famille (2002)

La Direction des Études est une grande famille. J'y ai passé environ quatorze ans dans trois directions successives : la Direction de la Qualité et de la Fiabilité, la Direction de l'Ingénierie Décentralisée et la Direction de la Caisse Assemblée Peinte. Cette dernière étant un « monde dans un monde », très impénétrable comme l'est encore aujourd'hui, la Direction de la Mécanique.

Je me souviens qu'en mission en Roumanie, le Directeur de l'Ingénierie de l'époque, Michel Faivre Duboz, me salue et se souvient de mon nom, de mon activité et de mon rôle sur ce site. Je suis étonné que cette personne connaisse le nom de chacun de nous, dans cette direction technique qui compte 5 000 à 6 000 personnes. Cela me rappelle la surveillante générale de mon lycée qui connaissait le nom de chaque élève et bien sûr ses résultats…

Michel Faivre Duboz, avait été auparavant le Directeur du programme MEGANE, un « Monsieur ». Pour résumer, un budget de 10 à 12 milliards de francs, 5 modèles à sortir de 3 usines et une production de près de 4 000 véhicules par jour ! Pour tout dire, c'est avec le programme MEGANE que Renault a « acheté » Nissan !

Les codes

Lors d'une réunion de présentation d'un prototype du cabriolet MEGANE en présence du Directeur de Projet Carlos Tavares, de Michel Faivre Duboz, du chef de Projet Études et des pilotes des groupes fonctions (ce sont les responsables des pièces à spécifier pour assurer une même fonction), il y eut une discussion sur l'aspect il est vrai peu avenant d'un joint d'étanchéité, amenée par l'un de ces pilotes ; Olivier A. Certes, Olivier A. n'avait pas sa langue dans sa poche et défendait mordicus, la présence de ce bourrelet malheureux, selon lui indispensable pour assurer l'étanchéité de la porte et qu'en plus, cela respectait la sacro-sainte « règle métier ». Les deux directeurs tentèrent de lui expliquer qu'il est important que la voiture soit étanche, mais un bourrelet aussi volumineux, qui est la première chose que le client verrait en entrant à bord, nécessitait d'être ramené à des proportions raisonnables. Il s'ensuivit d'autres arguments, la discussion dura et devant la tête exaspérée de nos deux directeurs patients qui n'avaient montré jusqu'alors aucun signe d'agacement et a fortiori imposé aucun ordre, notre Olivier sortit enfin :

« Vous devez avoir raison ; je suis tout seul et vous êtes deux ! »

Le fait qu'un ingénieur de base puisse se permettre une telle réflexion devant deux « Messieurs » à l'ego assez prononcé, en dit long sur cette « grande famille ». Le souci de bien faire, la volonté de concevoir un bon produit dépassent chez Renault les barrières hiérarchiques. Les managers embauchés de l'extérieur disent tous que les Renault ont une passion pour leur entreprise et leurs produits. D'où l'expression maintes fois répétée :

« Les Renault ont un losange à la place du cœur ! ».

Les codes

Ne vous méprenez pas ; lorsqu'il s'agit d'autres considérations comme les aspects économiques, le planning et surtout les ressources à mettre en place pour résoudre un problème, les niveaux hiérarchiques reviennent très vite au premier plan !

Le Produit est bien le sujet de coalescence qui soude les liens entre les membres de la Direction des Études. Lors d'une autre présentation de Projet, la porte de coffre était surélevée d'environ 2 cm du reste de la carrosserie et chacun de s'accorder en silence que l'on n'était pas encore arrivé. Michel Faivre Duboz s'approche du prototype et devant le désastre, ne formula aucune critique et prononça :

« La maturité de ce projet se mesurera à l'aune de l'obtention d'un jeu automobile ».

Tout le monde acquiesça. Nous avons effectivement travaillé deux ans sur la géométrie des pièces et sur le process d'assemblage pour aboutir à ce que ce jeu ne se remarque plus…

Michel Faivre Duboz était comme son prédécesseur Philippe Ventre, un perfectionniste du produit automobile et ce jusqu'à la phase de sa mise en fabrication en usine. Lors du lancement d'un nouveau modèle et de sa présentation en amphi, il s'approcha d'un pas décidé vers l'estrade avec une grande pièce en plastique à la main.

Avant même la prise du micro, la pièce tournoyait en l'air et Michel Faivre Duboz de dire que cette pièce ne se monte pas . J'en ai monté pendant un quart d'heure en chaîne et je peux vous affirmer que ce n'est pas montable : « Il faut fournir un effort surhumain pour la glisser dans la rainure, dit-il en montrant sa paume de main toute rouge et une pièce sur trois doit être écartée »

Là aussi comment s'imaginer qu'un Directeur des Études se donne la peine d'aller dans l'usine, de revêtir les vêtements d'opérateurs, non pas pour se contenter d'observer ce qui se passe au poste de travail mais pour s'y substituer afin de vérifier le geste opératoire et pour s'assurer qu'une pièce est montable, est quelque chose d'inimaginable aujourd'hui, y compris chez Renault.

Notre Directeur avait raison et connaissait tous les maillons faibles de conception. La pièce en question était une baguette de protection de porte, qui, à une certaine époque, jonchait les bords des routes françaises…

Les codes

« Le pouvoir autoritaire est librement consenti. »

Patrick Boucheron Collège de France 2018.

Déplumer le chef de service (2000 à 2010)

La hiérarchie dans les années 80 et jusqu'à mi 90 était constituée des chefs de service qui manageaient environ cent personnes. Les services étaient subdivisés en sections et les sections en UET (Unité Élémentaire de Travail).

Plus haut étaient les directeurs qui avaient parfois en charge plusieurs services, donc des équipes très conséquentes de trois cent à huit cent personnes. Certaines directions comptaient jusqu'à plus de mille personnes. Les directeurs étaient considérés comme des « Messieurs » au même titre d'ailleurs que les chefs de service qui restaient dans le même poste dix à vingt ans sans évoluer. Cela constituait des baronnies et autres tours d'ivoire incon-tournables, très préjudiciables à l'agilité de l'entreprise pour faire face à des situations d'urgence, des imprévus ou tout simplement pour s'adapter à la modernité.

Cette hiérarchie, surtout celle de la Direction des Études, le métier noble, était prédominante sur tout le reste.

Les équipes projet transversales à la hiérarchie métier ont été mises en place et légitimées par R.H. Levy. Elles devaient néanmoins à leur début, jouer des coudes pour faire converger les métiers vers les objectifs et la cohérence des projets véhicules et organes mécaniques.

Cette lourde hiérarchie métier était considérée comme une entrave à la bonne fluidité de la transmission des consignes, depuis le top management jusqu'à leur bonne exécution par la « base ». Renault comptait au début des années 90 jusqu'à onze niveaux hiérarchiques entre le PDG et l'exécutant final. Raymond H. Levy avait dit un jour : « Entre moi et l'opérateur il y a beaucoup de pertes en ligne ! ».

Pour s'adapter à la modernité, c'est-à-dire à une prédominance de plus en plus importante des Projets devant les Métiers, il fut décrété par le top management que le chef de service devait déléguer son pouvoir. Les projets étaient les seuls à rendre compte auprès du Président, au cours de réunions semestrielles appelées « RVE » Rendez-Vous d'Entreprise. Cela veut tout dire…

On lui a tout d'abord ajouté un adjoint qualité qui avait pour rôle d'assurer la convergence des spécifications des pièces issues du service aux objectifs du Projet,

Il n'était plus admissible que les orientations techniques et le choix des fournisseurs soient détenus seuls par le chef de service. Une réunion institutionnelle appelée « GSFA » associant les spécialistes techniques du métier et les achats, a été mise en place dans tous les secteurs des études pour développer la stratégie technique dans le domaine de compétence du service, c'est-à-dire les technologies à développer, le panel de fournisseurs à constituer, projet par projet, et plus tard l'intégration locale pour sourcer les pièces des projets internationaux.

Les codes

Le chef de service s'est alors réfugié dans le seul domaine de management qui lui restait, à savoir la gestion des hommes, pour faire face à la charge de l'ensemble des projets à développer. Il a fait savoir haut et fort et parfois en en abusant, que celle-ci était insurmontable devant la multitude de nouveaux modèles à développer. Qu'à cela ne tienne, on lui a associé un adjoint charges/ressources dont la mission consistait à évaluer la charge prévisionnelle et à faire appel, si besoin, à de la sous-traitance interne ou externe pour faire face aux pics d'activité.

Ainsi démuni de ses prérogatives, le chef de service est devenu au fil des ans un homme ou une femme comme les autres c'est-à-dire un communicant virtuel derrière son écran et clavier, n'ayant plus au bas mot que cinq à vingt personnes sous sa responsabilité, sans compter la perte de son assistante, de son bureau fermé, parfois de son véhicule de fonction.

Dans le même temps on a vu apparaître des directeurs « singleton » c'est-à-dire avec un titre et une assistante en tout et pour tout, comme le Directeur de « la voix du client », le Directeur du « TDC » (Total Delivery Cost), le Directeur du Monozukuri (ce n'est pas une marque de moto),

Il y a encore quinze ans, les directeurs prenaient la peine de rencontrer et de s'entretenir avec tout nouvel arrivant. Certains, comme Jean Pierre Verollet, saluaient individuellement chaque matin l'ensemble du personnel. L'époque a changé. Les directeurs singletons précités, arpentent fièrement en costume rayé et cravate (ce sont les seuls) les couloirs du Technocentre, le port altier, le regard figé à l'infini et très sûr de leur importance et du caractère incontournable de leur apport significatif et rémunérable à son juste niveau, aux résultats financiers.

Dans le même temps les règles de management ont poussé les hiérarchiques à une mobilité de plus en plus fréquente. La décennie 2010 a vu l'apparition des directeurs « mistral », pour faire un parallèle avec la poudre en sachet qui pétillait sur la langue et dont la sensation acide et le goût évanescent disparaissaient en quelques secondes.

Le chef de projet ingénierie (toute époque)

Quelle est la différence entre un boxeur et un chef de projet ingénierie ?

Réponse aucune : tous les deux ont une formidable résistance physique et une grande capacité d'encaissement des coups ! Le chef de projet ingénierie est la seule responsabilité qui s'est perpétuée intégralement de décennie en décennie. Il a pour rôle de développer une nouvelle voiture et toutes les fonctions qui la composent, entre autres les prestations client. Contrairement à un bâtiment, un nouveau modèle sort à l'heure dans le budget imparti, est industrialisé dans plusieurs usines dans le monde et est exactement conforme en termes de positionnement des prestations à ce que l'entreprise a voulu. Pour arriver en trois ans à cet objectif, il faut résoudre quotidiennement des obstacles et difficultés impondérables que j'assimile aux « coups » que prend le boxeur. C'est physiquement éreintant. Beaucoup prennent des cheveux blancs ou les perdent tout simplement, certains claudiquent du fait d'une arthrose prématurée. La tâche est physique… C'est une fonction dans laquelle on prend son rôle très à cœur. Rappelons que le chef de projet de la classe A de Mercedes s'est suicidé lorsque le lancement du modèle a été retardé de 6 mois, du fait d'une tenue de route capricieuse qu'il a fallu corriger…

Un constructeur comme Renault ne compte pas plus de cinq « ingénieurs en chef », leur titre aujourd'hui. On comprend pourquoi cette fonction clé de l'entreprise, n'a pas été altérée.

J'ai eu l'occasion d'assister un de ces chefs de projet. J'ai compris plus tard dans une fonction plus modeste, en pilotant des projets de process capacitaire, cette problématique de résistance physique et psychique à avoir, pour résoudre d'innombrables difficultés techniques (une falaise au départ) ainsi que la capacité à surmonter les difficultés et imprévus (les coups). Vous vous rendez compte de façon assez précise de votre capacité à surmonter quotidiennement les aléas et de votre seuil d'acceptation. Deux à trois problèmes dans la journée ça passe, au-delà cela vous paralyse. Si le seuil hebdomadaire est dépassé vous êtes abattu et votre management s'émousse. Un projet, c'est vivre dans cette oscillation permanente entre l'arrivée de nouvelles difficultés et votre aptitude à les résoudre.

Car bien sûr dans cette situation vous êtes très seul sur le terrain. Vous vous rendez très vite compte que votre hiérarchie ne peut être d'aucun secours devant l'urgence, la complexité des situations.

À l'inverse, et lorsque le Projet est loin d'être terminé, vous êtes le premier à devenir confiant, car vous percevez qu'à un moment, les difficultés par leur importance et leur fréquence se réduisent. On ressent cela physiquement et cela vous donne la sensation très forte que l'aboutissement est à portée de main. À ce moment-là, le plus dangereux est l'impondérable, la difficulté majeure, qui se présente tout d'un coup et vous éloigne de l'arrivée. La déprime vous guette alors…

La phase de pilotage de Projet est grisante car vous faites face à beaucoup d'enjeux, vous bénéficiez d'une grande autonomie d'action et vous rendez compte à des interlocuteurs de niveau hiérarchique parfois beaucoup plus élevé qu'à l'habitude. Votre position, vos points de vue sont écoutés, non contestés. Mais une fois le projet terminé tout s'efface. Vous retournez dans l'ombre…

Qui sont les directeurs et d'où viennent–ils ? Du savoir faire au savoir être (1999 à 2016)

Comment savait-on il y a vingt ans que l'on allait voir un directeur ? Les bureaux de la direction technique étaient agrémentés de maquettes au 1/5eme, des modèles Renault déjà commercialisés, rutilantes et polies comme des galets. Celles-ci réalisées par la Direction du Design étaient fièrement exposées par ceux qui en étaient les détenteurs. Elles témoignaient de leur contribution significative dans un projet. La vision de cette maquette, dans le bureau d'un directeur, montrait qu'il avait <u>fait</u>. Son autorité technique est naturelle. Il n'a rien à prouver. En conséquence, le rapport est simple et direct. Pour le visiteur la consigne est : on écoute car la personne en face de soi sait de quoi elle parle. Cela économise de l'explication et permet de gagner du temps. De plus, cela autorise un échange direct « face to face », sans pour autant que son interlocuteur n'ait à prouver son autorité.

Effectivement les directeurs étaient nommés au mérite ; c'est-à-dire que de façon non contestable, ils avaient contribué voire piloté des projets, avaient assuré une fonction importante en usine sans pour autant être toujours bardés de diplômes. Ainsi il y avait un ancien directeur de la DICAP, que j'avais rencontré dans le cadre de ma recherche d'un nouveau poste, qui était autodidacte, le directeur des études électriques, ancien instituteur, le directeur des études châssis qui avait instauré et mis en pratique le métier « d'architecte » véhicule. Les femmes avaient également leur place comme Odile Desforges, Directrice des Achats qui a introduit pour la première fois une méthode internationale et rigoureuse de consultation des fournisseurs. Elles l'ont de plus en plus. Les directeurs et directrices étaient des personnes qui avaient été dans « l'arène » et connaissaient parfaitement le métier c'est-à-dire le processus qui conduit à développer, valider et industrialiser un nouveau véhicule. Le management ou la participation à l'élaboration d'un projet n'est pas sans risques. Ce passage obligé pour monter dans la hiérarchie était craint par le management subalterne et donc très souvent évité.

Qu'en est-il aujourd'hui ? On est passé du « savoir faire » au « savoir être ». Il est difficile de définir le savoir être. On peut dire que le savoir être c'est en quelque sorte savoir refléter sans l'altérer, la parole et les actes du top management. On a en fait substitué la qualité du message à l'expérience. Le savoir être ce serait plutôt le savoir <u>dire</u> et communiquer. Le territoire de prédilection des directeurs actuels ce serait plutôt la salle de réunion, l'amphi et les outils favoris ; le Power Point et Live Meeting. À quoi bon l'expérience ?

En 2009 lors du départ massif de plus de 800 collaborateurs en dispositif CASA, un directeur n'a-t-il pas prononcé : « Cette crise nous a montré qu'en trois mois nous avons su reconstituer notre savoir faire et notre métier en faisant appel à la sous-traitance... »

En quoi consistent les pouvoirs de ces nouveaux directeurs s'ils n'ont plus à manager des équipes pléthoriques ?

Figurer dans les circuits de signatures... Les processus deviennent de plus en plus hermétiques, voire cryptés. Les directeurs sont les verrous, par leur signature dans des logiciels complexes, de processus essentiels comme la validation des dossiers d'investissement, c'est-à-dire le décaissé des fonds propres de l'entreprise. Les outils eDOA et SAER qui sont la base de travail des achats et des acteurs des projets sont verrouillés par un circuit de signatures de directeurs et par le contrôle de gestion. Du jour au lendemain tout engagement de commande peut être stoppé et ce, sans prévenir.

La complexification de l'organisation et son évolution de plus en plus rapide, l'utilisation de codes et de processus occultes sont les instruments du pouvoir d'aujourd'hui. Je me souviens il y a six ans de la préparation d'un dossier d'investissement pour la modernisation de moyens industriels. Celui-ci fut discuté en réunion avec le directeur métier concerné, puis nous avons fait le point au téléphone avec l'usine, qui d'une certaine façon cautionnait le projet en raison des améliorations prévisionnelles de performances attendues. Au départ, tout le monde était d'accord.

Les codes

L'essentiel des débats portait sur la présentation et les économies de Capex que l'on aurait réussi à dégager pour emporter la décision en COI (Comité d'Orientation Industrielle). Ce processus simple fut naturellement complexifié. La Direction Générale imposa par exemple que Nissan fasse partie des décisionnaires, même pour des projets capacitaires qui ne les concernaient pas. Les dossiers devaient en conséquence être rédigés en anglais tout comme les présentations. On institua , un processus de lobbying, préalable à l'inscription à l'ordre du jour de ces comités. Je fus très étonné de découvrir un jour par mon interlocuteur de Nissan, un slide illustrant le processus de validation du projet : cela se présentait sous forme de courbes chronologiques avec des flèches qui montaient et descendaient entre différents plots de formes rondes, carrées ou de losanges, à la manière d'un flipper. Ces plots étaient annotés de sigles de 2 ou 3 lettres. Nissan m'expliqua qu'il s'agissait, soit de l'avis d'un hiérarchique, soit d'une présentation en réunion de l'Alliance, soit d'une réunion résolutive, soit d'une validation par le contrôle des investissements. Nissan semblait familier de cette procédure. Nous, non. In fine, de moins en moins de personnes maîtrisaient ces règles devenues ésotériques, y compris pour les responsables hiérarchiques qui bien souvent n'étaient pas au fait des derniers perfectionnements. eDOA veut dire : Delegation Of Authority. Cela veut tout dire ! Le pouvoir réside maintenant dans la maîtrise des codes, c'est-à-dire des sigles, des langages et des organisations mouvantes en s'appuyant exclusivement sur les indicateurs et la communication par mail et par skype. Plus besoin de s'encombrer de l'humain avec des troupes pléthoriques ! Nous en sommes maintenant à l'époque du management sans contact !

Les codes

Les directeurs de régions c'est-à-dire les personnes en charge de manager la totalité du business de l'entreprise dans une région du monde (l'étude et le développement de nouveaux modèles, l'industrialisation et la commer- cialisation) sont devenus les vrais patrons en lieu et place des directeurs de l'ingénierie d'antan. Ils ne sont plus issus du terrain, des projets, mais plutôt de l'extérieur où ils sont recrutés par des chasseurs de têtes et ont fait leurs preuves dans des business conséquents. Ce seraient plutôt des « porteurs de testostérone ». Pour vous situer un directeur de région, c'est quelqu'un capable de serrer la main de Poutine avec le sourire en lui écrasant le pied !

Une question a été posée à C.Ghosn en amphi suite au recrutement récent de Bo Andersson pour succéder à M. Kamarov à la tête d'Avtovaz, constructeur Russe de Lada. C.Ghosn répondit : " The right man at the right place. Je suis convaincu que nous avons fait le bon choix en recrutant cette personne ! » Jugez plutôt du pedigree : Officier de l'armée suédoise, un bref passage chez GM et surtout cinq ans à la tête de Kamaz, la marque des camions militaires soviétiques, où il a fait le ménage. La mission : se débarrasser de 12 000 personnes pour rendre ce conglomérat rentable, moyennant une rémunération de 1 M€ par mois. À ce jour, cette personne est toujours de ce monde, mais a été sommée par le gouvernement Russe, de quitter son poste sous huitaine.

Les codes

« Il fallait s'y attendre ; à questionner sur un dossier à venir on nous répond qu'il le faudra ! »

G.Detourbet Chennai 2015

Market Place - la transformation digitale (2015)

Notre époque est celle des paradigmes dont il faut user et abuser tant qu'ils sont porteurs. Mais tout s'use. Il y a eu « l'imprimante 3D » dont les médias ont cessé de nous abreuver quand ils se sont aperçus qu'il ne s'agissait banalement que de machines destinées à réaliser des pièces unitaires en résine. En somme, rien de révolutionnaire là-dedans, car ce procédé est utilisé depuis les années 90… et patatras, les centaines de milliers d'emplois à la clé, vantés par nos politiques et journalistes, aux oubliettes !

La transition énergétique est quelque chose de plus sérieux qui a trouvé son paroxysme lors de la COP 21. Événement bien utile pour escamoter les résultats désastreux des élections régionales. Mais le meilleur paradigme pour moi, c'est celui-là : « transformation digitale ». La puissance de ce slogan réside dans le fait qu'il est nouveau, initialisé dans une entreprise du CAC 40 à savoir Danone et qu'il brouille les cartes, car il ne s'agit ni d'une transformation radicale, ni de digital.

Les conventions sont la marque de fabrique de notre management, un passage obligé, qui se doit d'être la vitrine d'une direction opérationnelle. Outre la totalité de l'effectif, tant de France que de l'étranger, un membre du comité de direction du

Les codes

Groupe est présent pour délivrer un message, généralement convenu, mais surtout pour évaluer l'exercice. Cela constitue en quelque sorte pour nos directeurs « l'inspection » bien connue, telle celle que subissent nos enseignants.

Cécile de G. nous a habitué à une montée en gamme avec une gradation dans ce genre d'exercice. Convention au château de ci, puis convention au château de ça. Celle-ci se prépare un mois durant, en sélectionnant soigneusement les orateurs et les évènements marquants de l'année écoulée, pour démontrer combien la direction a été indispensable pour l'entreprise. Cette manifestation marquante doit être émaillée de reportages photos grandioses, de réalisations dont la paternité est parfois le fait des autres. Du moment que les photos sont spectaculaires et l'orateur convaincant… tout cela pendant quatre heures et lorsque vous êtes repus de ppt, d'images et de résultats chiffrés plus époustouflants les uns que les autres, vient alors la formule de politesse : « Je me suis fait violence pour ménager un quart d'heure pour les questions. Avez-vous des questions ?» Retenez bien qu'il s'agit d'une formule de politesse car tout le monde dans la salle attend que cela s'abrège. La question improbable est malvenue, surtout lorsqu'elle est pertinente. Vous l'avez compris, assister à une convention dont la durée est identique à celle d'un congrès du parti communiste, nécessite une grande faculté de concentration.

En préambule à la convention 2015 de ma direction, nous ne voyons rien venir. Personne ne semble être sollicité pour préparer une présentation, exemple des réalisations de l'année. La seule chose qui transpire de l'état-major, c'est qu'elle aura lieu à l'usine de Flins. Quelle chute ! On s'attendait au paroxysme ; Versailles, après tous les châteaux préalables ! Flins, cette usine un peu « has been » pour ce que j'en percevais dans les années 1990, était considérée maintenant dans les bases de données internationales comme une usine petite cadence. Cécile de G. aurait-elle des velléités de nous confronter au monde industriel ?

De loin, de très loin viennent alors les rumeurs : nous aurions embauché à grand prix un gourou, maître de la communication interne. J'apprends ainsi que nos chefs de service ont été sollicités par ce maître, es transformation digitale, à cinq réunions de préparation. Je suis à mon tour sélectionné pour la prochaine convention et dois participer aux réunions d'évangélisation, en live meeting bien sûr !

À la première séance audio, nous faisons virtuellement connaissance avec Benedict qui tient son auditoire de 30 personnes connectées pendant une heure et demie, à l'altitude de croisière de 80 000 pieds. De temps en temps une question pratique fuse : « Que devons-nous préparer ? », « Quels sont les messages à faire passer ? ». Aussitôt notre gourou stratosphérique de tirer sur le manche pour éviter le crash dans le monde matériel et revenir dans les limbes de sa trajectoire initiale. Bref, nous avions tous compris que c'était quand même assez bidon et plutôt une expérience du haut management. Vient une dernière réunion présentielle à laquelle un comité d'accueil de collaborateurs rompus à la réalisation de vrais chantiers, en chaussures de sécurité, l'attendait de pied ferme, très incrédule. Évidemment, ce n'est pas par hasard que notre gourou fut débauché à prix d'or de chez Danone. Face aux questions lapidaires qui fusaient de toutes parts, les réponses furent très étouffées et humbles, mais le travail de persuasion et de conquête mené par sa très jolie assistante, la bouche en cœur et les yeux bleus code phare cherchant l'adhésion des participants par un regard circulaire, faisait merveille. Au bout de vingt minutes, nos durs, adeptes de la gamelle émaillée et du gigot bitume, lui mangeaient dans la main. Notre maître avait conquis son auditoire. Pour ma part, j'avais compris que l'affaire était expérimentale, qu'elle générait, par sa nouveauté, beaucoup d'inquiétude chez le management.

Le jour J nous nous rendîmes à Flins dans une zone périphérique de l'usine destinée à la communication. La convention n'avait pas grand-chose à voir avec le contexte industriel, hormis une présentation initiale en amphi du directeur de l'établissement, nous décrivant après huit ans de marasme, comment l'usine renaissait, pour la production prochaine de la MICRA. L'arrivée d'un constructeur tiers, Nissan, cause généralement un électrochoc dans les certitudes des industriels gardiens des lieux. Cela avait également été le cas à Maubeuge où la qualité de production, en particulier celle de la peinture, avait dû être notoirement améliorée pour produire le CITAN du nouveau partenaire Daimler. Adjointe à l'amphithéâtre, une grande salle avait été aménagée en marché. Quand je dis marché, ce fut un vrai marché avec légumes, charcuteries etc.… Je devais tenir avec un collègue le stand du fleuriste. Ce fut l'occasion autour d'un bouquet de fleurs, de photos particulièrement réussies avec les belles de la direction. Bref, un jeu de rôle eut lieu dans ce décor, très propice à la rigolade et à la détente. À la suite de quoi les sympathiques gagnants furent appelés dans l'amphi un peu à la manière des jeux télévisés des années 60. En conclusion, Benedict instilla sa doctrine qu'il avait mise au point chez Danone : il faut sortir du carcan hiérarchique, susciter des réunions informelles et vous créer un réseau. Dans le contexte très individualiste auquel nous aboutissons aujourd'hui avec une communication exclusive par mail, cela m'apparaissait comme un retour en arrière de 30 ans, lorsqu'à la Direction de la Recherche, je rencontrais de manière informelle les chefs d'autres services. Je m'imaginais cette même convention se déroulant chez d'autres et j'avais vraiment du mal à la transposer dans les directions du process industriel ou dans les usines avec les directeurs que je connaissais. Comment allaient-ils procéder, animant comme des forains ou bonimenteurs du « market place », la cérémonie introductrice de la transformation digitale ? J'appris une dizaine de mois plus tard que Benedict avait quitté l'entreprise. J'ignore si Madame bouche en cœur l'a suivi. Ce serait une perte pour la communication interne de Renault !

Les codes

« There is a cost of the low cost »

Colin Mc Donald   Chennai 2016

Gérard chez les Maharadjahs (2016)

Chennai, cette usine de l'Alliance, revivait dans l'actualité des projets industriels. Elle faisait l'objet depuis un an d'hypothèses d'extensions pour nos propres besoins, entre autres pour moderniser des lignes de production pour la future gamme low cost de Renault, dont le modèle KWID était le précurseur. Nos directeurs de l'immobilier s'y rendaient souvent, pour surveiller l'avancement de la construction d'un nouvel atelier d'assemblage mécanique de 20 000 m2, particulièrement innovant de par sa conception frugale, pratiquement deux fois moins chère que celle d'un atelier mécanique classique. Cependant la frugalité exigeait pour l'exploitant quelques compromis. Les murs étaient remplacés par des vantelles, ouvertes à tous vents et aux poussières. La ventilation n'était que naturelle ainsi que l'éclairage en grande partie. D'où la réflexion de Colin Mac Donald à propos du « low cost » Les lignes d'assemblage véhicules qui avaient fait l'objet de modifications importantes depuis l'étude commune d'origine Renault Nissan, n'étaient connues de personne de notre direction, ni même des spécialistes process de Renault. Chennai restait dorénavant une usine Nissan. Nous n'avions plus de légitimité à nous y rendre et a fortiori à rencontrer les chefs de département de l'usine de carrosserie montage. Mais après quelques mois, nous avions appris à nous connaître par audio conférence avec l'équipe locale des travaux neufs et leur avions apporté notre assistance. C'est avec l'accord du chef de département de la maintenance que nous eûmes un blanc-seing pour nous rendre sur place. Nissan n'était pas opposé non plus à ce que nous venions sur le site, pour partager avec eux nos observations. J'écrivis donc à Colin Mac Donald, directeur de l'usine, l'objet de notre mission : connaître la vision à trois ans des chefs de département et leurs futurs besoins en surfaces. Malgré quelques relances, Colin ne nous a jamais répondu…

Gerard, intégré dans notre mission faisait partie de la Direction des Services. Dix ans plus tôt, il avait mené les négociations d'achat des terrains au début du projet Chennai, pour y implanter l'usine. Cette opération fut exemplaire. Rappelons que c'est en négligeant cette étape que le constructeur Tata dut abandonner son usine toute neuve, destinée à industrialiser la NANO, future voiture à 3 000 dollars. Des manifestants villageois, dépossédés de leurs terrains pour des sommes très modiques, se regroupèrent pour contrer cet industriel puissant qui les expropriait. Ils eurent finalement gain de cause auprès des autorités, 3 mois avant le début de production de la NANO. Gerard se rendait régulièrement à Chennai pour des opérations immobilières et y était pressenti pour une expatriation… Qui fut refusée par sa femme. Gérard avait noué pendant cette phase d'approche de nombreux contacts, y compris avec l'usine.

Nous partîmes donc ensemble avec Gérard et Arnaud, adjoint du directeur des projets immobiliers et nous rendîmes à la direction de l'usine. L'accueil de Colin fut froid. C'était à prévoir et cela mettait Gérard mal à l'aise. Il nous quitta une heure après prétextant des affaires qui concernaient des locaux tertiaires, avec la Direction des Services. Nous ne le vîmes plus à l'usine pendant toute la mission. Le directeur adjoint de Nissan nous ouvrit toutes les portes et en conséquence nous visitâmes les ateliers, jour après jour et bénéficiâmes de la présence et des explications des adjoints japonais et indiens. Le soir, je notais les explications et données fournies en séance dans un compte rendu, que je remaniais au fur et à mesure de la maturation de nos observations et analyses. L'usine avait mobilisé du personnel pour nos besoins et la moindre des choses, à mon sens, était de faire preuve de rigueur en diffusant sans retard ce compte rendu. Je pensai à R. Savoye et à son expression concernant la date fraîcheur de ce type d'écrit qui comme celle du yaourt devait être diffusé sans délai. En prévision du wrap up meeting* avec la direction, en fin de mission, je fis part à Arnaud de ma proposition de plan d'action : nous avions identifié des surfaces potentiellement récupérables à la condition de démonter toute l'activité SKD, (c'est-à-dire le remontage sur place de véhicules préalablement démontés dans l'usine mère) qui dormait dans un atelier de 15 000 m2. Celle-ci fut reçue positivement.

*wrap up meeting : expression dont les Asiatiques sont friands, désignant la réunion de clôture d'une mission et de synthèse avec l'ensemble des personnes impliquées

J'avais obtenu avant la mission, une réponse écrite favorable de la Stratégie, dont je fis part à l'usine. Tout le monde se quitta satisfait. C'était un vendredi, il était 18 h 00 et j'envisageai avec plaisir le retour à l'hôtel. Arnaud me fit part d'un appel de Gérard nous invitant à venir le rejoindre. Je n'en avais pas particulièrement envie. La fatigue provoquée par la tension nerveuse de toutes ces réunions et la perspective d'un trajet assez long sur des routes plus qu'exténuantes, même comme passager, m'incita à refuser. Arnaud insista…

Nous arrivâmes de nuit sur une route désertique qui longeait la côte au sud de Chennai. Notre chauffeur la connaissait mal. Celle-ci faisait contraste avec les rues grouillantes que nous venions de traverser et dans lesquelles il se faufilait presque les yeux fermés.

Nous étions fatigués et les coups de klaxon et écarts latéraux qui rythmaient sa conduite en saccades nous maintenaient éveillés.

Enfin nous nous arrêtâmes devant une entrée éclairée, encadrée par deux statues de lion, flanquées de potiches et de plantes exubérantes. Une hôtesse en sari nous attendait. « Vos collègues ne sont pas encore là. Ils vous rejoindront d'ici une heure. Si vous voulez attendre à la réception ? », dit-elle en nous montrant le chemin. Nous entrâmes dans un vaste hall, très sobre, tout en dalles noires d'aspect granité, du sol au plafond, qui nous dominait de ses 7 m. La pierre devait être de type basaltique, identique à celle des statues indiennes du musée Guimet. Cette planche en bois clair très épaisse, en guise de bureau de réception, était seule touche de couleur, hormis les saris. Il y avait là également quelques sièges profonds rouges, bleus, pour faire moderne et égayer cette atmosphère monacale. Nous faisions tache dans cet univers, nous qui sortions de l'usine en chaussures de sécurité et presque en EPI*.

EPI : Effets de Protection Individuelle ou tenue d'usine*

Les codes

Nous avions eu juste la possibilité de tomber la veste d'atelier. L'hôtel n'était pas encore ouvert. Le Directeur des Services de Renault India en avait fait la proposition à Gérard, comme lieu possible de la prochaine convention de notre direction. Le hall de réception était désert, comme le reste de l'hôtel. Celui qui devait être le futur gérant nous proposa une visite. Nous avions une heure à tuer. Cela nous changea de nos affaires industrielles ! Et puis c'était notre dernier jour sur place.

Nous abordâmes, après le hall, un vaste patio à ciel ouvert encadré d'arcades illuminées sur tout son pourtour.

Au centre, une passerelle suspendue traversait et dominait deux larges bassins. Celui de droite était une piscine et l'autre, à vocation décorative, était planté de nénuphars et de lotus. Les bassins, tout comme le hall de réception, étaient couverts des mêmes dalles de basalte qui faisaient ressortir d'autant mieux les teintes diaphanes des lotus.

Le gérant nous expliqua que les arcades en face de nous abritaient l'accès aux suites de l'hôtel. « Voulez-vous les visiter ? »

Celles-ci, au nombre de douze, étaient bien sûr très vastes, comportant chacune un salon privatif, un balcon et une immense baie vitrée donnant sur l'Océan Indien. Le rez-de-chaussée était aménagé en salon de massage ainsi qu'en hammam avec un sauna privatif. Plantes et poteries rares laissées savamment çà et là donnaient l'impression que les lieux étaient habités. « Nous avons également un restaurant chinois à proximité des suites ! Nous attendons bien sûr l'arrivée du chef cuisinier, pour l'ouverture. Voilà, j'ai à faire, je vous invite à voir les jardins. » Nous continuâmes seuls, Arnaud et moi. Il y avait là des cocotiers et autres plantes locales illuminées, qui embaumaient. Le jardin était traversé d'allées pavées de planches polies en bois clair, également éclairées. C'était magnifique, un jardin d'Éden !

Nous aperçûmes la plage après dix minutes de déambulation. L'atmosphère chaude et les embruns iodés de l'océan nous parvinrent en cette nuit de janvier, marquant l'aspect décalé et presque incongru de notre présence ici. Au loin nous vîmes une tente éclairée et les ripailles de convives qui avaient certainement réservé une soirée spéciale. Le gérant nous informa qu'il s'agissait d'une soirée organisée par Nissan…

De retour au hall d'accueil nous vîmes Gérard très volubile, accompagné par l'équipe de la Direction des Services de Renault India. « Alors cela vous plaît ? » Nous fit-il. Je ne vis pas pourquoi il nous posait la question. Cette soirée était une sorte de test. « Nous sommes attendus pour dîner ». Le gérant nous conduisit à nouveau dans le patio et sur une île constituée d'un énorme bloc de basalte, qui affleurait du bassin aux nénuphars. Une table était dressée là pour nous tous sur cette île artificielle, encadrée par quelques flambeaux pour réchauffer l'atmosphère. Les cuisines étaient situées à proximité et survint, après le champagne, un ballet de serveurs en habits, nous gâtant de maints plats raffinés, tous plus étonnants les uns que les autres. Les Indiens se lâchaient et leur anglais m'apparut de plus en plus hermétique, les coupes de champagne aidant. Je vis qu'Arnaud n'était pas plus avancé que moi pour capter quelques bribes de la conversation. Gérard prit la parole, ce qui mit une trêve dans cette profusion d'échanges, dont le niveau sonore faisait tache dans ce patio feutré. Gérard remercia et félicita les membres de Renault India pour les réalisations de l'année écoulée ainsi que pour le choix de cet hôtel, qu'il cautionnait maintenant, en vue de la prochaine convention. Je fis un coup de coude à Arnaud. « Tu ne trouves pas qu'il manque les danseuses ? Je les verrais bien s'approcher sur la passerelle et terminer en apothéose autour de notre île minérale ». S'ensuivit un va-et-vient incessant entre ladite île et le barbecue, de gambas géantes que l'on nous servit à volonté. Arnaud me dit enfin que l'on aurait eu tort de louper ça ! J'en convenais. « Nous sommes dans la même direction mais avoue quand même que Gérard et nous, ne vivons pas dans le même monde ! ».

De retour en France, j'appris que notre convention allait se dérouler à Aubevoye, centre d'essais de véhicules de Renault, situé en Normandie à proximité de Gaillon. Je ne pus m'empêcher de me remémorer les bassins et les arcades illuminées, quand nous flottions au-dessus des nénuphars. Je vis que ce paradis figurait sur les sites internet de réservation avec les photos du fameux patio éclairé et ses suites cathédrales. Gaillon ne comptait qu'un seul hôtel assez basique, avec ses nappes Vichy sur les tables de la petite salle à manger et les lits à barreaux des chambres. Tout cela ressemblait davantage à une colonie de vacances qu'à un véritable hôtel. Je me risquai à ouvrir un dossier Word et à juxtaposer, comparativement, les photos du Nirvana avec celles de notre « cantine » de Gaillon, en y ajoutant le titre : « D'une convention à l'autre… » Mais je me gardai bien finalement de diffuser cette chronique en interne. Le jour de la convention arriva et nous nous rendîmes sur place à Aubevoye sous des trombes d'eau, crottés, après à un départ convenu à 6 h 30 du matin. À ce moment-là, l'esprit embrumé par le froid et le sommeil, je ne pus m'empêcher

Les codes

de rêver à cette miniature persane : la vision de Gérard enturbanné,
entouré de danseuses de katak, flottant au milieu des lotus.

Les codes

Dialogue entre Jacques Calvet et Raymond .H. Levy au salon de l'auto lors de la sortie de la CLIO. Il illustre l'endémique problème de la non rentabilité de la branche automobile de Renault dans les années 90:

J.C.

— Oh vous avez là une bien belle oouature qui va avoir du succès !

B.H.L.

— Je vois qu'elle vous plait. Bien sûr, pour vous je peux vous en procurer une au prix usine.

J.C.

— Si ça ne vous faire rien, je préfèrerais l'avoir au prix catalogue…

Big is beautiful (1996 – 2017)

Comme ancien de Renault j'avoue, comme de nombreux collègues, avoir été dérouté par la stratégie interne de Carlos Ghosn. Ce patron emblématique n'est pas aimé de l'intérieur c'est un fait. Ce n'est pas une personne charismatique. Il a cependant été adulé à l'extérieur de l'entreprise, par les milieux financiers. Il ne cherche pas à l'être d'ailleurs même s'il adore se mettre en scène. On doit reconnaître, à l'examen des résultats sur une période de onze ans, soit de 2006 à 2017, que nous sommes en présence d'un patron mythique qui a hissé Renault, initialement constructeur régional en Europe et inconnu dans une grande partie du monde, à celui de premier constructeur mondial. Je voulais ici décrire de l'intérieur la contrepartie de ce succès telle que vécue par les salariés, c'est-à-dire la prise de pouvoir de C. Ghosn. Dans quelles circonstances s'est-elle effectuée, au sein d'une entreprise, issue du secteur public et dans laquelle une grande partie de l'équipe dirigeante était cooptée du monde publique et politique.

Pourquoi l'embauche de Carlos Ghosn ? :

En 1996 Renault est dans une situation saine et se prépare à lancer son cœur de gamme, la famille MEGANE. Tout va bien ou presque sauf deux sujets d'inquiétude qui subsistent. D'une part la branche automobile est toujours déficitaire et ce malgré l'arrivée de Georges Besse en 1986, figure du redressement de l'entreprise. D'autre part il reste dans les mémoires l'échec de l'alliance avec Volvo. Le paradigme des années 90 c'était : « big is beautiful ». Il y avait semble-t-il trop de capacités de production face à la demande mondiale et donc trop de constructeurs automobiles. À terme, seuls quatre à cinq groupes mondiaux pourraient survivre face à la concurrence internationale. Les groupes survivants étaient pressentis aux États-Unis et au Japon. La guerre était déclarée. Sans l'atteinte d'un volume de production de 4 millions de voitures par an, point de salut. Fin 90, Renault atteignit péniblement 1,8 million de ventes annuelles (c'est son niveau d'aujourd'hui) . Il était vital qu'il s'associa tôt ou tard avec un partenaire, comme son concurrent PSA d'ailleurs.

Les codes

Avec le recul, on constate que la résilience des constructeurs automobiles a été fortement sous-estimée. La demande mondiale s'est accrue continûment et surtout, ceux-ci ont adapté leurs outils de production pour préserver leur rentabilité. La crise de 2008 a été un catalyseur pour moderniser les usines, introduire des process flexibles et ajuster la production. Aussi depuis vingt ans, seul le suédois SAAB a mis la clé sous la porte.

La vision réductrice des années 90 a été mise en défaut. Elle a servi d'alibi à des dirigeants de BMW de Daimler et de Ford pour justifier des croissances externes qui se sont souvent révélées destructrices de valeurs et d'emplois. Plutôt que de s'acharner sur les volumes, certains ont misé sur la qualité des produits. Il est aisé de comprendre que si le volume est une des composantes qui influe sur le résultat d'une entreprise par effet d'échelle notamment, la marge par véhicule vendu en est une autre, toute aussi pertinente. Elle résulte exclusivement de la notoriété de la marque qui permet une tarification élevée. Elle ne s'appuie que sur une politique axée sur la qualité menée sur plusieurs décennies, à l'exemple d'Audi, qui sans fléchir, a poursuivi pendant trente ans la recherche sans compromis de l'excellence. Ainsi pour caricaturer, le pays du produit automobile c'est l'Allemagne et le symbole de la réussite sociale sur roues c'est une Audi, ce que l'on constate dans les métropoles Chinoises.

Pour Renault, la stratégie de conquête du volume à tout prix, lors du rachat des marques Lada et Dacia, a pu jouer en sa défaveur. La marge par véhicule est restée basse et analogue à celle du concurrent PSA. La prise de conscience par C. Ghosn de l'importance de la qualité comme facteur de notoriété de la marque ne fut que très récente. Le management qualité n'a été remis au bon niveau hiérarchique qu'en 2016 et le lancement d'une marque premium comme Alpine, n'a été extorqué de façon volontariste qu'en 2014… par son numéro deux C. Tavares, parti chez PSA.

Le remède pour retrouver la rentabilité dans les années 90 consistait à dénicher la perle rare. Le Jedi de l'industrie automobile s'appelait « Cost Killer ». GM ne venait-il pas d'embaucher un mercenaire Ispano-Basque, José Ignacio Lopez De Arroturo, en charge de réaliser de drastiques économies d'achats, moyennant un salaire mensuel de 1,1 M de dollars ? Louis Schweitzer débaucha son cost killer chez Michelin. Après la privatisation de Renault en 1996, Carlos Ghosn fut embauché en 1997 comme Directeur Général Adjoint, pour remplacer Philippe Gras à la Direction Technique et mettre en place une stratégie offensive à la Direction des Achats. Il dut cependant partager le pouvoir d'exécution avec deux autres directeurs adjoints ; Patrick Faure à la Direction Commerciale et Georges Douin à la Direction du Plan, du Produit et des Projets. C.Ghosn eut un blanc-seing pour rendre la branche automobile bénéficiaire et entamer une politique énergique de réduction des coûts. Dès lors, il écarta ainsi de nombreux directeurs issus du sérail public et politique. Lorsqu'il fut nommé pour redresser Nissan, il en avait déjà remercié plusieurs dizaines. À son retour du Japon en 2006, il n'y eut aucune période de sifflet avec Louis Schweitzer, qui lui laissa la place. Nous vécûmes dès lors une période léthargique durant le début 2006. On disait que C. Ghosn était en phase d'observation et faisait le tour de l'entreprise. En fait, il procédait à une comparaison méthodique entre le système de management de Renault et celui de Nissan.

Les codes

Je me souviens qu'il vint découvrir Dacia avec toute une délégation pour voir l'usine, essayer une voiture et faire un discours en amphi, le tout en une demi-journée. Son message se résumait à : « Dacia doit élargir son horizon de telle sorte qu'elle vise non seulement le marché de l'Europe de l'Est mais également celui de l'Ouest et que pour les coûts, elle devait prendre l'Inde comme modèle ». Vaste programme d'écartèlement…

Lors de sa prise de fonction effective mi 2006, nous constatâmes avec surprise que personne ne fut mis sur la touche, y compris le directeur du design dont le style commençait à dater et au dire de certains, nous faisait perdre des ventes dans le milieu de gamme récemment renouvelé. C.Ghosn attendit patiemment le départ en retraite de l'ensemble de l'équipe dirigeante en place pour la remplacer progressivement par des personnes extérieures de son choix.

Louis Schweitzer avait bâti une organisation subtile faite de pouvoirs et de contre-pouvoirs de telle sorte que sa décision ne fut pas indispensable pour la bonne marche de l'entreprise. Renault se gouvernait presque tout seul avec ses nombreux comités statutaires. Au sein de la Direction Technique par exemple, le Bureau d'Études était associé aux Achats ainsi qu'à la Direction des Projets pour l'obtention de la meilleure performance économique. Ce pôle de pouvoir était contrebalancé par la Direction de la Qualité qui s'appuyait sur la Synthèse, c'est-à-dire sur l'expertise du secteur des essais et de l'évaluation des prestations client. Des réunions d'arbitrage entre ces deux pôles, avaient lieu tous les mardis après-midi, suite à des essais préalables sur pistes incluant des véhicules de la concurrence.

Les codes

Rarement la décision de Louis Schweitzer ne fut requise en cas de non atteinte d'un accord.

Comment s'y prend-il pour tisser sa toile ? :

En 2006, le pouvoir au sein de Renault c'était encore la Technique et le Produit. Ce dernier avait autorité pour définir le contenu indispensable d'un nouveau modèle pour répondre à la future demande commerciale. Mais le Produit fit des erreurs de jugement à savoir qu'il avait porté des modèles, soit trop coûteux à produire comme l'ESPACE, soit sans personnalité appropriable par le client comme MODUS ou LAGUNA 3. Georges Douin parti, C.Ghosn saisit l'occasion pour renouveler les équipes du Produit et du Marketing avec des recrues jeunes, pour la plupart extérieures et de préférence anglo-saxonnes.

Dans la direction technique subsistaient deux citadelles encore imprenables, nombreuses en effectif et constituant le cœur de métier du constructeur : la carrosserie et la mécanique. Départ en retraite, il n'y eut point. L'opportunité d'une erreur de management ou de stratégie des managers de la Direction de la Mécanique et de la Direction de la Caisse Assemblée Peinte pour les renouveler par recrutement extérieur ne s'est pas présentée. Aussi C.Ghosn procéda à la découpe des organigrammes pour y insérer progressivement à leurs têtes des managers de Nissan acquis à sa cause.

On argumenta que l'introduction d'un management Nissan dans les organigrammes de Renault apporterait une meilleure performance dans certains domaines. Ainsi Nissan eut le leadership pour le développement des boîtes de vitesses et des motorisations essence. Nissan eut également la quasi-exclusivité du développement, de l'industrialisation et de la fourniture de lignes d'assemblage en tôlerie.

La Direction Technique créa les « RTx » c'est-à-dire des bureaux d'études régionaux qui avaient pour vocation à devenir progressivement autonomes, pour l'étude et l'industrialisation de futurs modèles, destinés aux marchés mondiaux. Renault procéda à l'embauche massive et à la formation intensive de collaborateurs Roumains, Indiens, Coréens, Brésiliens de telle sorte que l'effectif cumulé de ces RTx dépassa celui du Technocentre en 2015. La Direction R.H. adopta les préceptes de Hayes, une technique américaine, pour orienter les mobilités du personnel du Technocentre et bien sûr, sa rémunération et sa perspective de carrière. Les détenteurs du savoir faire technique du siège, furent d'abord priés de former leurs jeunes collègues débutants des RTx, puis fortement incités à quitter leur poste pour évoluer vers une fonction managériale ou de gestion.

Progressivement les organigrammes de ces deux ex-chapelles furent découpés pour y placer du personnel Nissan. C.Ghosn avait maintenant la main mise sur les derniers bastions de la technique et maîtrisa ainsi l'ensemble de la Direction des Études, incluant enfin la conception du process de fabrication, le plus stratégique en termes d'investissements. Il y eut néanmoins quelques résistances à la Direction de la Mécanique pour introduire des motorisations Nissan dans les véhicules Renault, à l'exclusion des diesels. Le Directeur Renault de la Mécanique fut muté en 2016 et sept directeurs sur dix de cette direction furent remplacés par des Nissan !

Dans le même temps, Renault invita des entreprises extérieures à venir recruter du personnel Renault, dans ses propres locaux, pendant les horaires de travail. Très clairement nous avions l'impression d'être de trop !.

Cette stratégie redoutable a fonctionné parce qu'elle fut mise en place très progressivement (sur dix ans), sans heurts et sans licenciements. C. Ghosn a anesthésié l'entreprise pour mettre en place une hiérarchie pyramidale, au sein de laquelle sa décision était devenue incontournable pour tout engagement d'investissement. Le patron, avait fini par acquérir un pouvoir inamovible en tissant patiemment son organisation arachnéïde. C'est là que réside son vrai talent. C'est cependant à l'aune de la fin de son mandat en 2022 que l'on pourra constater ou non la pérennité de cet édifice de gouvernance. Y aura-t-il une mutinerie comme chez Volvo ?*

Cette réflexion prémonitoire a été écrite avant la dénonciation de C. Ghosn aux autorités judiciaires japonaises par son PDG Hiroto Saikawa qui tel Brutus prit le pouvoir. Tu quoque fili

Les codes

Epilogue (2019)

Ces chroniques ont été écrites entre 2015 et 2017. J'ai profité de deux ans de maturation pour en reprendre quelques-unes.

J'ai constaté cette année, en échangeant avec des collègues, presqu'un an après son incarcération au Japon, que l'ère C. Ghosn c'était maintenant du passé. Le destin de Renault a cependant été marqué de façon incontestable par son passage. Même si aujourd'hui la page est tournée, les rapports entre collaborateurs en portent durablement la trace. Il y a eu un avant et un après. Mes amis me disent souvent : « C. Ghosn c'est le patron qui a redressé Renault ! » C'est une affirmation simpliste, car ses prédécesseurs ont tout autant apporté leur contribution à la croissance de Renault, qui n'était pas en difficulté avant son retour du Japon. La valeur de l'action, plus élevée qu'aujourd'hui en témoigne ! N'oublions pas aussi l'intuition de Louis Schweitzer, qui seul contre tout son état-major, décida de racheter Dacia et de développer une gamme moderne low cost. L'apport positif de C. Ghosn ce n'est pas pour l'essentiel les bons résultats financiers qui ne sont que les fruits des synergies entre Renault et Nissan. Ils sont la conséquence, me semble-t-il, de la fusion « technique » entre ces deux constructeurs. L'aboutissement des plateformes communes et la flexibilité des sites industriels qui permettent maintenant de fabriquer sur les mêmes lignes de production des Dacia, des Samsung et des Nissan sont à mettre à l'actif de C. Ghosn. L'effort consenti et la volonté d'aboutir ont été du même ordre que ce que PSA a conduit pour fusionner Peugeot et Citroën. Cela avait pris dix ans ! En revanche, la gouvernance de cette Alliance ne semble pas pérenne, parce que personnalisée par un dirigeant qui voulait tout régenter sans accorder sa confiance à ses adjoints qu'il a fini par limoger, ou qui étaient en l'instance de l'être. Cela constitue d'ailleurs aujourd'hui, la principale difficulté des états-majors des deux marques.

Avant, l'expérience d'un ingénieur de Renault ne pouvait s'acquérir qu'en ayant contribué à l'exhaustivité des étapes d'un projet véhicule. Aujourd'hui, vous n'êtes reconnu au bon niveau de management, que si vous avez constitué un dossier d'investissement, l'avez vendu par lobbying interne et franchi les fourches caudines du circuit de signature. La marge opérationnelle, jusqu'au plus bas de la hiérarchie, est l'obsession principale. Un mot n'est plus prononcé depuis longtemps dans les couloirs du Technocentre : le mot CLIENT, que les prédécesseurs de C. Ghosn nous répétaient à l'envi. Nous avons échangé le credo de voiture à vivre par celui de marge opérationnelle. Le client a été petit à petit oublié au profit de la course à la réduction des coûts. Seule la marque Dacia a conservé cette notion d'appropriation de la voiture par le client : coût abordable, grande habitabilité et fiabilité à toute épreuve.

La marge n'est pas tout. Il faudra, me semble-t-il, du temps pour que la préoccupation du client revienne dans les gênes du bureau d'études et que l'on puisse dire à nouveau, « les Renault, sont une grande famille avec un losange à la place du cœur ».